INK

文學叢書

243

味外之味

朱振藩◎著

知味天地寬

朱振藩

弦外之音，通常意有別指，讓人莫測高深，亦可發人深省。味外之味則不然，其中種種況味，非但越探越出，甚且無入而不自得。是以善聽者聆聽弦外之音，善品者則享味外之味。彼此各精一端，人生因而益妙。

味外之味，大有趣味。我之所以探索其味，始於多年前讀清人富察敦崇的《燕京歲時記》，書中指出：「栗子來時用黑砂炒熟，甘美異常。青燈誦讀之餘，剝而食之，頗有味外之味。」爲了明白此味，曾依樣畫葫蘆，卻吃不出個所以然來，差別或許在於電燈終究不是青燈，少了那股「味」兒。此外，有人認爲糖炒栗子宜配竹葉青酒食之，才會香氣更濃，有那「味外之味」。我在試了之後，其味果然不同，深服前人之見識，得味外味之旨趣。

又，關於栗子的品味，還有兩種說法，可供諸君參詳。就拿桂花鮮栗羹來說吧，這本是個時令菜，當秋末冬初之際，桂花陣陣飄香，栗子結實飽滿，兩者同納一鍋，由於得自意外，竟成千古名菜，引出一段佳話。

相傳唐玄宗天寶年間，在一個中秋明月夜，杭州靈隱寺火頭僧德明，正輪值燒栗子粥，供合寺僧眾消夜。剛巧金風送爽，無數桂花飄落，大家吃過粥後，都誇清香撲鼻，味道更勝往昔。德明十分好奇，在幾番探究後，終於解開謎題。從此之後，加桂花的鮮栗粥成了該寺名點，專供往來賓客食用，大受歡迎。

此粥再經廚師改良，加入西湖藕粉，易粥爲羹之後，遂使桂花芳香、鮮栗爽糯及羹汁濃稠，全部融爲一體。滋味清甜適口，比原先的還好，因而流行於江南，現則以江蘇常熟虞山所烹製的，最爲膾炙人口。

這道著名素食，甚宜寒夜享受，天冷熬個一鍋，趁熱呷上兩口，那種舒服暖和，全家人都窩心。

不過，杭州西湖的桂花，至今仍是名產，尤其煙霞嶺下翁家山所產者，遠近馳名。其中的滿家弄一地，不但桂花特別地香，而且桂花盛時，正逢栗子成熟，桂花煮栗子遂成了路邊小店的無上佳品。浪漫詩人徐志摩曾告訴散文大家梁實秋說：「每值秋後必去訪桂，吃一碗煮栗子，認爲是一大享受。有一年去了，桂花被雨摧殘淨盡，便有感而發，寫了一首詩，名〈這年頭活著不易〉。」

區區一個栗子，惹來無數題材，引發不盡遐思，且說句實在話，全是味外之味，越探越有味兒，而且餘味無窮。人生也唯有如此，才過得有滋有味，不但提升精神層次，同時足以適口愜意，於遊目騁懷外，瀟灑地走一回。

目錄

牛肉丸
彈跳爽口

牛肉丸乃廣東東江地區的傳統名菜，又稱東江或潮州牛肉丸。周星馳和莫文蔚主演的《食神》一片中，以「爆漿瀨尿牛丸」影射，而被公認為「天下第一丸」。

據說中共十大元帥之一的賀龍，有次視察汕頭駐軍，嚐到鮮脆爽口的東江（潮州）牛肉丸，連連聲稱「好菜！」，隨即起身向廚師大老蔡敬酒，並提問：「牛肉丸是如何做成的？」拙于辭令的大老蔡，幸好見機得快，馬上抓起兩粒牛肉丸朝地上一扔，丸子像乒乓球般彈得老高；接著他又取出兩把像秦瓊用過的鐵鐧來，回說：「就是用這傢伙將牛肉片打爛，切不可用刀子剁碎，丸子才彈得起來，入口才會有脆感。」賀龍見狀，大笑不已，舉坐皆歡。

這種爽口牛肉丸，乃廣東東江地區的傳統名菜，又稱東江或潮州牛肉丸。其爽口的祕密，則在絕不能像製作普通肉丸般，先把肉料切碎後剁爛，而要整牛腿肉用鈍器捶砸成泥。推究其原因，應是可使肉漿保持較長的肌肉纖維，從而在成丸後產生強韌的彈性。待肉漿捶打完畢，把它盛進大盆，加清水、精鹽、濕澱粉攪拌均勻，再將肉漿不斷拍打，增加其黏性，直到抓起後不下掉爲止。接下來則是擠丸，以左手抓肉漿在掌心裡，緊握拳頭，使肉漿從拇指與食指彎曲的縫中擠出來，右手再拿湯匙將丸子由手縫中挖出，置微沸（約攝氏七十度）中小火煮至定型。由於這套純手工製做的牛丸耗時費工，以致流傳不廣，僅在粵東地區流行。

關於此菜的起源，一說是從周天子「八珍」中的「搗珍」演變而來，另一說乃是魏晉南北朝時的「跳丸炙」。約在五胡亂華時，今客家人的祖先自中原南遷，將此製法帶至嶺南，其後傳至粵東的惠州、梅縣一帶。直到二十世紀四〇年代，始傳至潮、汕地區，作爲小吃應市，成爲當地名品。由此觀之，牛肉丸在東江，可謂後來居上，進而一枝獨秀，目前它在當地已與豬肉丸、魚肉丸齊名，合稱「三丸」。

色澤艷紅、肉質爽軟、滋味香醇的爽口牛肉丸，可與瀨粉、河粉、米粉、伊麵等搭配食用，可以當成正餐，亦可權充點心，爽口彈牙，無以上之。難怪周星馳和莫文蔚主演的《食神》一片中，以「爆漿瀨尿牛丸」影射，而被公認為「天下第一丸」，膾炙人口，無逾于此。

我早年在香港即愛食爽口牛肉丸，有時會與魚蛋同享，既脆且爽，越嚼越帶勁兒。最常光顧者，乃位於尖沙咀的「樂園牛丸皇」。食家蔡瀾謂其牛肉丸往地上一擲，可彈得與桌面同高，此話雖然誇張，但距眞相並不甚遠。前一陣子位於永和竹林路的「成記粥麵專家」，亦有爽口牛肉丸出售，或做菜品薦餐，或與河粉同享，都有一定水準。可惜畢竟欣賞者少，後來不再供應，令我扼腕而歎，久久不能自已。

●樂園牛丸皇
地址：香港旺角花園街十一號地下
電話：（八五二）二三八四〇四九六

打牙祭的進化史

牙祭這一習俗由來已久，它源自中國古代之「禡牙」，乃古代軍旅中祭拜牙旗之大禮，祭禮虔誠肅穆，的確非同小可。

我們現在到外頭去吃個館子，或者燒頓好飯菜犒勞親友，常會掛在嘴上的口頭禪，不外是打牙祭或祭五臟廟這兩個詞兒。祭五臟廟易解，但一提及打牙祭，很多人只知今意，卻不明白其由來，其實，它可是挺有意思的哟！

事實上，牙祭這一習俗由來已久，它源自中國古代之「禡牙」。據《宋史．禮志》上的解釋：「禡牙」係『禡』師祭也。軍前大旗曰『牙』，師出必祭，謂之『禡牙』」，可見「禡牙」乃古代軍旅中祭拜牙旗之大禮，祭禮虔誠肅穆，的確非同小可。

而在商場中，「同行如敵國」，爾虞我詐，其風險之大，一如行軍打仗。因此，一年之中首日開市，即仿效軍隊舉行「師祭」，祈求旗開得勝之意，也來個祭典，冀望生意興隆，財源廣進。從此之後，禡牙便從「師祭」慢慢演變成「商祭」，成爲一種例規。

另，過去商界中，凡大年初一照例「休市」，停止營業一天，到了年初二才開始營業，謂之「開市」，亦稱「開牙」。而在開市當天，因是一年之始，當然格外隆重。開門要燃燒「萬頭」長炮，謂此爲「開長紅」。還要祭拜財神爺，大擺酒席慶賀，祈求「開門大吉」、「生意興旺」。宴席上要按「九大簋（音鬼）」設置酒菜，而「生菜（生財）」、「生鯉（生利）」、「髮菜」（發財）、「蠔豉（好市）」之類有好采頭的菜餚更萬萬少不得。以此觀之，此種「開牙祭」即是所謂的「牙祭」，也就是今日所說的「開牙」、「做牙」，顯然它是承襲「禡牙」的遺風而來。

習俗總是日見齊備、越顯周密，故發展到後來，不但正月初二要做「開頭牙」，舉凡每月初二，甚至十六，也要做「牙祭」（一稱「做禡」）。此外，早年一些店家，平日多吃蔬食，每隔若干日，才吃頓肉食，這也叫「牙祭」。例如清人吳敬梓《儒林外史》的描述：「平常每日就是小菜飯，初二、十六跟著店裡吃牙祭肉。」即是。足見其範圍也越來越廣，與原意已漸行漸遠了。

到了後來，兩廣地區的人們「打工搵事頭（即老闆）」，除了當面言明每月工錢、紅利外，每月到底有幾次牙，也得事先講清楚，才不會吃暗虧。然而，當吃年初二的「頭牙宴」後，如被老闆宣布「炒魷魚（即解僱）」，就得另找頭家。因此，對於「打工仔」而言，喝這「頭牙酒」，並不全然是享受美食，能否「過關」，才最重要。

而今「牙祭」這種習俗，由於文革「破四舊」之故，已在兩廣一帶消失，但在港、澳特區及海外華人聚居之地，依然盛行不輟。當下台灣的習俗，已與兩廣大有別，不是吃「頭牙」，而是食「尾牙」，老闆讓員工在過年前打個牙祭，聯歡的作用，早就遠遠超過保住飯碗，顯然有人情味多了。所以，同樣打個牙祭，今古之俗大異，心情亦有天壤之別哩！

神仙粥「妙」用無窮

用瓦製的牛頭煲和井水大火一煮幾小時，米粒接近溶化程度，把洗淨鮮荷葉代替鍋蓋嚴，扣上十分鐘，則白粥變成淺綠色，碧玉溶漿，荷香四溢，取名「神仙粥」。

已故飲食大家唐魯孫曾提到：「廣東人到了夏天，喜歡以荷葉入饌或做點心，用瓦製的牛頭煲來煮。煮的時候，用井水大火一煮幾小時，米粒接近溶化程度，他們叫『明火白粥』。在水將要開鍋前，放下腐皮、白果，等粥熬好，將鍋蓋掀開，把洗淨鮮荷葉代替鍋蓋嚴，扣上十分鐘，則白粥變成淺綠色，碧玉溶漿，荷香四溢；先曾祖樂初公（長善）在廣州將軍任內，每逢暑天時，常以此待客，梁星海（鼎芬）、文藝閣（廷式）給這個粥取名『神仙粥』。」

說正格的，唐老追憶的這段神仙粥，出自文人附會，並非原始面貌。目前我所知最早的神仙粥方子，乃唐代遺留的敦煌殘卷所記，文云：「神仙粥，山藥煮熟，去皮一斤；雞頭實（即茨實，雞頭米）半斤，煮熟去殼，搗爲末。入粳米半升，慢火煮成粥，空心食之。或韭子末二、三兩在內尤妙。食粥後，用好熱酒，飲三杯，妙！」因這粥「恐爲當時道士、修煉之人所服用粥方」，故名。而喝此粥的好處，則是「善補虛勞，益氣強志，壯元陽，止泄精」，確實爲食療上品，其功效或可媲美「威而剛」。

到了清朝時，另一款神仙粥出現，效果完全不同，它的療效不在那話兒，而是「專治感冒風寒暑濕，頭痛骨疼，並四時疫氣流行等症。初得病兩、三日，服此即解。」其煮法爲「用糯米半合，生薑五大片，河水二碗。於砂鍋內煮一、二滾，次入帶鬚大蔥白五、七個，煮至米熟，再加米醋小半蓋，入內和勻。」在服用之時，則須「乘熱吃粥，或只吃粥湯，食既，於無風處睡，以出汗爲度。」由於「此以米補養爲君，蔥、薑發散爲臣，一補一散，而又以酸醋斂之，故而「甚有妙理」，極具食療價值。

又，因其「屢用屢驗」，所以，絕「非尋常發表之劑可比也。」按：此方原收於褚人獲的《堅瓠集》，且同時期人朱彝尊所著的《食憲鴻祕》，亦有類似之記載。兩者的文字雖略有出入，但道理並無不同。朱並謂此粥的作用爲「米以補之，蔥以散之，醋以收之」，結果「三合甚妙」，可以粥到病除。

事實上，先民早就總結食粥的好處，說一省費，二全味，三津潤，四利膈，五易消化。南宋詩人陸游的詩〈食粥〉更云：「世人個個學長年，不悟年長在眼前，我得宛丘平易法，只將食粥致神仙。」不過，在此可以肯定的是，光食粥不會成仙的，唯有吃唐代那款「神仙粥」，可望愛至最高點，快樂似神仙；而常食清代的「神仙粥」，則身強體壯，病毒不侵，健步如飛，飄飄欲仙。我猜想，這或許才是將它命名成「神仙粥」的眞正原因吧！

成都肺片兩頭望

名作家李劼人在《飲食篇》中曾指出：「……牛腦殼皮煮熟後，切薄而透明的片，以滷汁、花椒、辣子紅油拌之，色彩通紅鮮明，食之滑脆香辣。」

最近大陸湘西舉辦個牛頭宴，共用一百顆牛頭，此舉果然噱頭十足，引起各方騷動，毀譽褒貶不一。

以牛頭入饌，燒得最好的，莫過於民初川菜一代宗師黃敬臨。黃氏於烹飪之道，每用極普通的食材，像瓜、菜、豆腐或魚、肉等，精製道道美食，絕少以高檔的魚翅、燕窩、鮑魚、熊掌燒菜。這位「安於操刀弄鐣」、「但憑薄技顯餘輝」的神廚，其拿手好菜之一，便是一般人棄而不用的紅燒牛頭，刀火功高，味醇料正，號稱「天下美味」。

其實，早年的四川成都人好食牛頭肉，尤其是牛腦殼處和牛臉肉等「下腳料」，俗稱「肺片」。名作家李劼人在《飲食篇》中曾指出：「名實不相符，無過於明明是牛腦頭殼皮，而稱之曰『肺片』，……牛腦殼皮煮熟後，切薄而透明的片，以滷汁、花椒、辣子紅油拌之，色彩通紅鮮明，食之滑脆香辣。」只是「發明者何人？不可知？發明之時期，亦不可知」。到了一九二〇年前後，更訛稱為「廢片」。從此之後，這牛肺片眞相到底為何？也就無人細究了。

這個牛腦殼皮，每片約半個巴掌大，「薄得像明角燈片，半透明的膠質體也很像；吃在口裡，又辣、又麻、又香、又有味，不用說了，而且咬得脆砰砰的，極為有趣」。而這種成都皇城壩三橋回民特製的名小吃，其正經名叫「盆盆肉」，諢名則叫「兩頭望」，其名稱之由來，倒是有一段古，極為詼諧有趣，且為諸君道來。

原來這三座橋之橋頭，都能望見回民擺土缽缽賣這冷葷小吃，其場景為「短凳一條，一頭坐人，一頭牢置瓦盆一只，盆肉四周插竹筷如籬笆，牛腦頭殼皮及牛臉肉則切成四指寬之薄片，調和拌勻，堆於盆內」。故有「盆盆肉」之稱。由於辣香四溢，過客遂被勾引，那些貧苦大眾，無不聚而食之，每人各手一筷，紛紛拈食入口。賣家一邊喝賣，一邊吆喝食客，「筷子不准進嘴」。食畢算賬，兩錢三塊，三錢五塊。此一淋漓盡致的吃法，自然轟動全城。愛其味者，甚至面對盆盆，愈吃愈香，愈香愈不可遏止，直到把身上所有的銅板吃光爲止。

面對這種「下里巴人」的美味，一些穿長衫而過的「上等人」，「震其色香，欲就而食，則又靦腆，恐爲知者笑」，乃「趦趄而過，不勝食欲之動，回旋攤頭」，急拈一二片放進口中，一面咀嚼，一面兩頭望，怕被熟人撞見，既有失身分，也不甚雅觀。取名「兩頭望」，眞有夠傳神。

著名的老字號餐館「榮樂園」有鑑於此，乃師其用料，但不用滷水，即不沾水汁，改成現炒的鹽，另加入花椒麵、辣子麵等作料拌勻，味仍保持麻辣，但平添甘脆口感，更能誘人饞涎，佐酒下飯，無以上之。

嚴冬酌燒酒至補

袁枚戲稱：「既吃燒酒，以狠爲佳。汾酒乃燒酒之至狠者。」台灣的玉山高粱酒師承汾酒並賦新味，有名於時，且其所出產之二鍋頭酒亦極佳，一直是嗜酒者眼中的珍品。

寒流來襲，氣溫驟降，照古人的想法，正是「晚來天欲雪，能飲一杯無？」如以食物而言，最好是有火鍋，這火鍋可是種類不拘，凡酸菜白肉鍋、涮羊肉、牛鍋、羊肉爐、麻辣火鍋等，都是不錯的選項。即使無火鍋，只要有一海碗熱湯，也能讓人無限暖意在心頭。而搭配的酒種，也得能相得益彰，唯有這樣，不但夠「味」，而且過癮。

依我個人經驗，此際最宜痛飲或小酌的，非白乾莫屬。白乾一名燒酒、燒刀子、汗酒、白酒等，乃中華所稱雄之佳釀。其出現，約在南、北宋之時。雖然有人認為白酒的釀法是從中亞傳入中土的，但有更多的證據說明它起源自中國。其一是一九七八年左右，河北省青龍縣出土了一套金世宗大定年間（一一六一至一一八九年）生產的銅製釀酒燒鍋；其二是北宋人朱翼中《北山酒經》已載有燒酒的前身——「火迫酒」；其三是南宋人宋慈在所著全世界第一部法醫學專著《洗冤錄》中，即提及口含「燒酒」吮毒蛇咬傷之傷口以拔毒之法。這裡的「燒酒」，無疑應是酒度高的蒸餾酒，否則無法起消毒的作用。準此以觀，宋代已有白酒，不僅有跡可尋，同時還是世界考古學上的重大發現之一。

白酒稱為「燒刀」，始於明代。閩人謝肇淛的《五雜俎》上說：「京師之燒刀，輿隸之純綿也，然其性凶憯（即慘也），不啻無刃之斧斤。」他把這種天子腳下人俗稱的「燒刀子」，講成是品質暴烈，入口極辣，無異利斧。原來在那時候，釀製過程中所蒸餾出來的白酒，採取混合存放，因而酒質不純，刺激性甚強，雖流行於市井，但不為文人雅士們所喜。

直到清朝中葉，京師及山西的燒酒作坊，為了純淨燒酒品質，便進行工藝上的改革。他們在蒸酒時，先用「天鍋」（以錫製造）將首次流出的酒頭和第三次流出的酒尾，另做其他處理。然後把第二次所流出的酒液，專供大眾飲用，稱之為「二鍋頭」。是以《清稗類鈔》云：「燒酒性烈味香，高粱所製曰『高粱燒』，……而北人之飲酒，必高粱，且以直隸之梁各莊、奉天之牛莊、山西之汾河所出者爲良。其尤佳者，甫入口，即有熱氣直沁心脾。」

至於燒酒的功用，撰寫《隨園食單》的袁枚指出：「驅風寒，消積滯，非燒酒不可。」可見在嚴寒胃口大開之際，飲此燒酒，於身體實大有裨益。

高粱酒屬清香型白酒，向以汾酒及二鍋頭最負盛名。袁枚還戲稱：「既吃燒酒，以狠爲佳。汾酒乃燒酒之至狠者。」台灣的玉山高粱酒師承汾酒並賦新味，有名於時，且其所出產之二鍋頭酒亦極佳，一直是嗜酒者眼中的珍品。閣下在寒夜欲雅上個兩杯，應是不二的上選。

愛食鮮魚判高低

在長江邊取剛離水的鰣魚，不批去魚鱗，加料酒、醬油、醋和清水等，再加蔥段、薑片、精鹽及火腿片，用炭火細燉，緩慢前行。待上桌時，已湯濃脂凝，鮮味透骨。

廣東人吃魚，講究生猛；其實，別地方的人，又何嘗不是如此。但要保持新鮮，在交通及冷藏技術不發達的古代，的確得絞盡腦汁或耗盡人力。只是其手法之雅俗高低，相去不啻萬里。

在四川鄭關地區的短河道裡，產有一種撈捕季節短、無鱗味美、數量甚少且出水即死的退秋魚。

民國初年時，離此二、三十公里的自流井，住著一個大鹽商，名叫王星垣，他特嗜此魚。爲了吃到最新鮮的，每要求設在鄭關分號的掌櫃備妥鍋灶，清晨一網住魚，隨即下鍋烹調。燒好之後，馬上裝入挑麵擔子的鐵鍋內，以微火保溫。接著由鹽工輪流挑著，直奔自流井。途中除急走外，尙得小跑，像接力賽一樣的分段完成。而鹽工們則因送魚，個個積勞成疾，有人甚至在路上口吐鮮血而死。他這種爲謀一己之私的不人道行爲，實在令人髮指，眞是可惡透頂。

至於鰣魚的美味，就不消多說了。牠平常生活在大海裡，於每年四至五月中，準時溯江河而上，到淡水河中產卵，以長江和富春江所產的，尤膾炙人口。

距今百餘年前，住在安徽桐城的一些文人雅士，因居所離長江約四十五公里，爲一膏饞吻，遂別出心裁，發明了砂鍋鰣魚這道菜，現已成爲皖省的名菜之一。

事實上，這吃法並非憑空設想，而是由南宋時徽商在首都臨安（今杭州）吃「問政山筍」的辦法推衍而得。其方法乃派人在江邊取剛離水的鰣魚，不批去魚鱗，一整治乾淨，便切爲兩段，加料酒、醬油、醋和清水等，再加蔥段、薑片、精鹽及火腿片，用炭火細燉，以火爐加熱，並保持湯面偶冒小泡，緩慢前行，朝發夕至。待上桌時，已湯濃脂凝，鮮味透骨。此時，只要揀淨蔥、薑，即可大快朵頤，好好飽餐一頓。

這燒法妙在炭火單燉，呈現原味；方法古樸，體現典雅。比起王星垣那種不恤人力的「粗食」來，高明不知凡幾。不愧食家風致，讓人孺慕不已。

我極愛食鮮魚，首重清蒸。管它是港式、閩式、粵式或台式，只要火候得宜，無不馨香味美，慢慢挑剔吸吮，享用不盡滋味。

臭豆腐的滄桑史

最欣賞臭豆腐的，應是手批「六才子書」的金聖歎。他在臨刑前交給獄卒一個紮緊的油包，內有一張紙條寫著：「臭豆腐乾與花生米同食，有火腿滋味。」

談起臭豆腐的發明人，通說是清康熙年間的王致和。事實上，他只是眾多的分身之一而已。

說來難以置信，它的本尊可是明太祖朱元璋哩！原來他年少時，在偶然機緣下，發現了臭豆腐，用其煎以裹腹，食之而味甚差，因而久久難忘。後來起義反元，揮師往徽州前，特命伙伕製作，以此犒賞三軍。從此之後，油煎毛豆腐遂在安徽的徽州、屯溪、休寧一帶流傳。歷經數百年的改進，終成當地的傳統美食。

其製法不難。將豆腐切塊用稻草蓋住，使之自然醱酵，待它色呈靛綠，長出白色之毛，即下油鍋兩面煎黃，等到表面起皺，再加入蔥、薑末及糖、鹽、醬油、肉汁，燒燴使入味，先顛翻幾下，再裝盤即成。可另蘸辣醬佐食。

朱元璋

而在眾多分身當中，燒得最好也最出名的，首推湖南長沙火宮殿小吃群裡的姜二爹，以「黑如墨、香如醇、嫩如酥、軟如絨」著稱。據說毛澤東曾特意吃了一次，並說：「火宮殿的臭豆腐還是好吃。」結果，在「文化大革命」中，竟成一條「最高指示」，還用油漆寫在火宮殿的照壁上，成了一樁食林奇談。

姜二爹的燒法是先以小火炸，接著在酥透的臭豆腐中央捅個孔，滴入醬油、麻油、辣椒粉等佐料。吃來馨鮮醇厚，非但不聞其「臭」，反有一股湛香。

「王致和」是北京的分身，因他的臭豆腐塊長滿了青色的黴菌，故有「青方」的雅號，向以料精、質佳、工細聞名，完全用炸享用。品嚐之時，可蘸花椒油或香油，甚至可與紅辣椒一起炸透來吃，風味儘管不同，但各有愛好者。

另一分身來自蘇州「玄妙觀」前，賣這味小吃的，全是荷擔攤販；有的人隨地設攤，也有的人串街走巷，號稱「油氽臭豆腐」，後來傳到上海，間接影響台灣。

台灣早年賣臭豆腐的，以退伍老兵居多，方式有肩挑的，也有推車的。只是後來他們所賣的，不是傳統撒鹽浸料、耗時費工的毛豆腐，而是用阿摩尼亞醱酵出來的速成品，食來亦臭，但乏鮮香，以泡菜佐食，倒是其特色。此外，江浙餐館所售的蒸臭豆腐，則多半外敬，亦有別趣。

而目前最流行的，反而是由蒸改為鍋燒，再加麻辣的鍋燒臭豆腐，吃罷滿頭大汗，雖覺十分過癮，卻無蘊藉回味，難登大雅之堂。

最欣賞臭豆腐乾的人，應是手批「六才子書」的金聖歎。他在臨刑前，交給獄卒一個紮緊的油包，內有一張紙條，其上寫著：「臭豆腐乾與花生米同食，有火腿滋味」，算是一己心得。此一特殊的吃法，現仍流行於江南，堪稱別出心裁。

驢馬打滾真有趣

驢打滾色呈金黃，味道香甜不膩，口感則軟黏帶爽。搭配雞湯、苜蓿湯或汆羊肉湯，滋味更美。

雪球愈滾愈大，錢財愈滾愈多，至於米麵點心嘛！倒是愈滾愈可口。著名的點心「驢打滾」和「馬打滾」，即是如上。

源自塞外的「驢打滾」，盛行於中國東北地區，以遼寧省最擅製作。其正名叫「豆麵卷」，北京另稱它爲「豆麵糕」，乃春秋兩季的應時點心。其做法是先把黃米浸泡掏淨，放簸箕中，濾乾水份，經磨粉炒熟後，用碾子軋成麵團，入籠蒸熟。再把熟麵團摻粉擀成薄片，然後自一端捲起，邊捲邊撒豆粉，由於它的最後一道工序，像煞毛驢在沙地裡打滾，因而得名。

驢打滾色呈金黃，味道香甜不膩，口感則軟黏帶爽，實爲敬客及自奉的佳品。而在品嚐之時，如能搭配雞湯、苜蓿湯或汆羊肉湯，滋味更美，令人百吃不厭。如果將其製成甜點，亦覺清新乾爽適口，以此佐佳茗或酸梅湯，清洌順口，深有回味，誠妙不可言。

清代《燕都小食品雜詠》上記載著：「紅糖水餡巧安排，黃麵成團豆裡埋。何事群呼『驢打滾』？稱名未免近詼諧。」（原註：黃米黏麵，蒸熟；裹以紅糖水餡，滾於炒豆麵中，成球形，置盤售之，取名「驢打滾」，眞不可思議之稱也。）可見作者對這種聽起來不雅，卻滿風趣的外號，嘖嘖稱奇。

「馬打滾」則來自閩南，是福建省長汀地區名聞遐邇的小吃。它原名「麥打滾」，做法似與「驢打滾」雷同，但材料完全不一樣。其做法爲先將大麥或蕎麥用小火炒熟後，磨成粉當主料，再把黃豆炒熟磨粉與研細的糖末攪和，接著取熟麥粉調入清茶或開水拌勻，製成荔枝大小的圓粉團，置入有豆粉和糖粉的大盤中，反覆滾動，使裏上一層豆、糖粉即可供食，別饒風味。

「馬打滾」應是「麥打滾」的諧音，但當地人的說法卻不是這樣：在民國初年時，基督教英國籍的女傳教士詹嘉德，曾在某教友家，嚐到此一美點，稱讚不已，並以長汀土話說了一串順口溜，其詞云：「馬打滾，馬打滾，愈滾愈甜，愈甜愈滾，一口一個，邊吃邊滾。」一時傳爲美談。姑不論其眞相爲何，目前長汀鄉間凡種大麥或蕎麥的人家，每在收成後，家家都會製作這道點心，除自家愛用後，也會饋贈親友，很受大家歡迎。

長汀本是個美食天堂，名食美點佳釀爲數可觀。名食有「白露雞」、「綉紗肉」和「太平蛋」；美點另有「仙人凍」；佳釀則是「壓房酒」及「陽烏酒」。惟這兩款美酒，皆是冬釀春飲，壓房酒「尤爲珍重，藏之經時，待嘉賓而後發也。」只是此等土釀，漸不爲世所知，我曾有幸品嚐，於壓房酒之甘甜爽洌，印象極爲深刻，確可列壓軸之珍，爲免其湮沒不彰，特在此附上一筆。

且再說說驢打滾這一傳統美點。約莫二十年前，它可是台北「京兆尹餐廳」的看板名點，很多人慕名點享，食罷讚不絕口，甚至引發奇想，盼望吃完之後，好運愈滾愈旺，一發不可收拾。

●京兆尹（現已改提供宮廷養生素膳）
地址：台北市大安區四維路十八號（仁愛總店）
電話：（〇二）二七〇一三二二五

川人最嗜回鍋肉

回鍋肉味道好壞的關鍵，首在精細二字，必須炒到片片似燈碗，閃著紅亮油光，其顏色紅綠相間，味道醰厚香濃，入口微辣回甜，肉片厚薄均勻，且軟硬適度，味美誘人饞涎。

回鍋肉是一道既可登席薦餐，亦可家常享用的四川菜，豐儉由人，頗富變化，現不僅是每家川菜餐館必備的一道熱炒菜，同時也是川菜菜譜必載的「正統」菜色。愛此味者大有人在，我雖非四川人，但嗜此味如命，可惜目前在台灣，能燒得像樣的早已屈指可數，令人不勝唏噓。

此菜起源於民間祭祀，將凡是敬鬼神、祖宗供奉的肉品，在敬獻完以後，拿來回鍋食用，因而也稱「會鍋肉」，乃充打牙祭的佳餚，幾乎家家戶戶都能製作。一般人家的做法，是把豬臀肉先白煮至斷生，然後再爆炒，其味道好壞的關鍵，首在精細二字，必須炒到片片似燈碗，閃著紅亮油光（俗稱燈盞窩），才稱得上是上品。久居異地的四川人，每當回到家鄉，山珍海味可免，回鍋肉則不能不吃。

先煮後炒的回鍋肉，成都人在製作時要放豆豉，重慶人通常不放。此外，另有一種先蒸後炒的「旱蒸回鍋肉」，以其香氣濃郁，更受人們歡迎。

此法緣自清末。當時成都有位凌姓翰林，因仕途不得意而退隱，閒居在家，甚感無聊，乃潛心研究烹飪，將原本先煮或先烤後再炒的回鍋肉，改成先把肥瘦相連的帶皮豬腿肉整治去腥後，用隔水之法，蒸至皮軟肉熟後，再經炒製而成。由於此法可減少肉中可溶性蛋白質的流失，更能保持原汁，使其色潤味香。這法子果然高明，很多人跟著仿效。從此之後，旱蒸回鍋肉名噪錦城，在蜀地流傳開來，又稱之爲「熬（融炒、爆、煸、炒四法於一爐）鍋肉」。

在炒製此菜的過程中，必須使用旺火。待油火燒至攝氏一百二十度後，先下整治過的肉片略炒，再加適量精鹽續炒，見肉片四周微捲，狀呈淺口燈盞狀時，即用剁碎的郫縣豆瓣醬（註：改以岡山辣豆瓣醬亦可）炒至上色，接著投入適量的甜麵醬、醬油、豆豉和蒜苗段等，俟炒出香味即成。其特點爲顏色紅綠相間，味道醇厚香濃，入口微辣回甜，肉片厚薄均勻，而且軟硬適度，味美誘人饞涎。

此菜目前有另加紅椒、蕨菜、蒜薹、乾豇豆等燒法，肉片甚至逕用臘肉爲佳，配料縱有不同，手法亦多變化，姑不論如何，它確是一道下飯的好菜，且是佐酒佳餚，讓人胃口大開之餘，頻頻添酒加飯，爽得不亦樂乎。

金鉤掛玉牌 妙極

「冷鋒滯留不去的冷天，買幾斤黃豆芽，弄他一鍋湯，加上排骨豆腐，慢慢地煮，慢慢地熬，煮得豆腐起蜂窩，熬得豆芽出汁，熱騰騰端上桌……」

我愛吃豆腐，即使是早餐店或自助餐店一大鍋滷汁久滾的板豆腐，也會吃得津津有味。記得川菜中有一味白水煮豆腐，名曰「崩山豆腐」。有人取其在沸水中翻滾之狀，另取名爲「白牛滾澡」。它最特別之處，在於用包括辣椒、紅油等十多樣調味料配製而成的汁點豆腐，諸君莫小看這丁點兒的調汁，讓它這麼一提味，馬上豐富多采，顧盼生姿，端的是心有靈犀一點通。

比較起來，貴州省的家常名菜「金鉤掛玉牌」，就更引人入勝啦！它只是用切片的白豆腐或水豆腐（即豆花）煮黃豆芽而已。製作簡易，先放豆芽，再放豆腐，純用清水煮，除用些鹽保持豆腐的細嫩外，不下任何佐配料。此在炎熱的三伏天吃來，更顯其清芳馨逸的風味。而菜名中的金鉤，乃指黃豆芽；至於所謂的玉牌，自然就是切片的嫩豆腐了。

這道菜平凡至極，名字倒十分好聽。原來在三百多年前，貴州才子潘福哥省試高中，主考官在接見時，照例要詢問其家庭狀況。才思敏捷的他，出口成章，當即回答：「父，肩挑金鉤玉牌沿街走，母，在家兩袖清風，挽轉乾坤獻瓊漿。」從此之後，人們便將這市井小食美稱之爲「金鉤掛玉牌」了。

欲使這極爲清淡的家常菜變成濃烈的滋味，看來只有在蘸料上下功夫，才會達到這個效果。其蘸汁目前有葷、素兩種口味，其中糍（即粢）粑辣椒、醬油、蔥花、蒜泥、薑末必不可少，葷的則是改良後的口味，在素料中，另添入爆過香的豬肉臊。若閣下想進一步挑逗味蕾，亦可將芝麻醬、甜麵醬、番茄醬、胡椒粉、麻油、香椿葉或芫荽等，酌量調入蘸汁內。一般的吃法爲吃罷豆腐，再喝清湯。

糍粑辣椒亦稱糊辣椒，乃貴州特有的烹飪調味品。其製法不難，先選妥肉厚而不太辣的乾辣椒，在洗淨、去蒂、浸泡後，把水濾乾，與洗淨去皮的生薑、蒜粒一起放在擂缽內搗爛，然後再用油以小火微煉，待其冷卻後，即可裝罐備用。其特色爲油色紅亮、辣而不猛，香味濃郁，妙處即在減辣增香。如果少了它調味，必使金鉤掛玉牌大爲失色，食來全不是那個味兒。

事實上，金鉤掛玉牌亦有豪華版的。記得筆名仲父者，曾寫過一篇名爲〈金鉤掛玉牌〉的文章。指出此菜爲其寒舍中的一道「名菜」，所費不多。「像冷鋒滯留不去的冷天，買幾斤黃豆芽來，弄他一鍋湯，加上排骨豆腐，慢慢地煮，慢慢地熬，煮得豆腐起蜂窩，熬得豆芽出汁，熱騰騰地端上桌。……於是，喝一口酒，再啃一塊排骨，順便用調羹舀一瓢湯喝下，呼出一口熱氣。在熱氣氤氳中，主客的面貌就同時迷糊了，僅聞輕嘲淺謔，時夾笑聲。」很顯然地，他家的金鉤掛玉牌，別有一番滋味在其中。

「金鉤掛玉牌」之名，堂而皇之。不僅寒傖氣盡失，而且富貴相畢露，只有「淡掃蛾眉朝至尊」，才足以和它匹對，進而展露出中國人生活藝術的一面。

第一流的女廚師

「京都中下之户，不重生男，每生女則愛護如捧壁擎珠。甫長成，則隨其資質，教以藝業，用備士大夫採拾娱侍。」就中又以「廚娘最爲下色，然非極富貴之家不可用」。

唐代宰相段文昌非常講究飲饌之道，曾編撰《食經》五十卷，名重當世。至於相府的廚房，在家的稱爲「煉珍堂」，在外的行廚則名「行珍館」，其滋味之腴美，堪稱食林至尊。之所以能如此，得歸功於府中有位名叫「膳祖」的不嫁老婢，她燒菜一級棒，主持這「煉珍堂」，前後凡四十年，經其親手調教的廚娘，有近百之多，但學成之後，能獨當一面的，充其量也不過九個。可見「高處不勝寒」，想憑廚藝出人頭地，絕不是件簡單的事。

及至北宋，首都汴京有不重生男重生女的風氣。據廖瑩中《江行雜錄》上的說法，「京都中下之戶，不重生男，每生女則愛護如捧璧擎珠。甫長成，則隨其資質，教以藝業，用備士大夫採拾娛侍。名目不一，有所謂身邊人、本事人、供過人、針線人、雜劇人、琴童、棋童、廚娘等」，就中又以「廚娘最爲下色，然非極富貴之家不可用」。由上可知，廚娘的地位雖不高，卻只有極富貴的人家才用得起，且是其優裕生活中萬不可或缺的要角。

這些廚娘的本事究竟如何？依洪巽《暘谷漫錄》的記載，知其「調羹極可口」。他並舉一例以資佐證。原來有位致仕還鄉的太守，久慕京都廚娘的手藝，很想一嚐爲快，便託朋友物色。結果，送來一位新近從某王府辭廚的廚娘。太守欣喜若狂，命她操辦小筵，宴請一些賓客。廚娘請太守點菜，老人家欣然接受，點了「羊頭簽」、「蔥齏」等時令菜，準備大快朵頤，好生受用一番。

廚娘於是「謹奉旨教，舉筆硯，具物料，內羊頭簽五份，各用羊頭十個，蔥齏五碟，各用蔥五斤。他物稱是。」小試一下身手，居然玩這麼大，太守因頭一次打交道，雖頗「疑其妄」，但不便駁她，也不想讓人覺得小器，於是暫且照其意思辦理，但暗地觀察她是如何用法。

第二天，「廚役告物料齊」。廚娘乃「發行篋，取鍋、銚、盂、勺、湯盤之屬，令小婢先擦以行，璀燦奪目，皆白金所為，大約計該五、七十兩。至如刀砧雜器，亦一一精緻」。甚令「傍觀嘖嘖」，光瞧這陣仗，倒眞有夠炫。

好戲接著登場，廚娘「更圍袄圍裙，銀索攀膊，掉臂而入，踞坐胡床，縷切，徐起取抹批臠，慣熟條理，眞有運斤成風之勢。其治羊頭也，漉置几上，別留臉肉，餘悉擲之地……其治蔥齏也，取蔥微鍘過沸湯，悉去鬚葉，視碟大小分寸而截之，又除其外數重，取條心之似韭黃者，以淡酒、醯（音希，即醋）浸漬，餘棄置而不惜」。由於本領高強，而且工細料精，難怪「凡所供備，馨香脆美，濟楚細膩，難以盡其形容」，大家吃得一乾二淨，無不拍手叫好。

這頓家常菜，當然比電影《芭比的盛宴》場子還大，功夫更細，花費尤其可觀。太守自忖財力有限，無福經常受用，乃私下嘆謂「吾輩事力單薄，此等筵席不宜常舉，此等廚娘不宜常用！」過沒多久，就找個理由，解聘這位來自京城的超級廚娘，故事也因而謝幕了。

可惜的是，這位廚娘不曾留下芳名，但她的本事、行頭、架式及手段，全都高人一等。要是生在今日，只要包裝一下，必成媒體寵兒，保證比那位數年前從法國來台獻藝，號稱米其林「六星級」（一共開兩家，皆獲評比為三顆星）的大廚更搶眼哩！

墨水入肚耐尋味

童岳薦《調鼎集》中的「黑汁肉」，其做法爲「香墨磨汁，加醬油、酒煨肉」，據說吃起來「別有一種滋味」。

滿肚子油水或墨水，給人的評價硬是不同。油水豐足的人，常與肥胖畫上等號，絕不是個好詞兒。反之，墨水多的人，則是「有東西」的尊稱，代表書讀得多。其間相去，不啻萬里。只是墨水眞的能吃入肚子裡嗎？著實讓人十分好奇。

在中國的歷史上，喝墨水有自願的，也有被罰而不得已的。如果是後者的話，通常只有自認倒楣。假如眞的是自動自發，那就得視情況而定了。

無論在南朝梁選舉進士或北朝齊課試舉人時，凡是沒考取或字寫得不堪入目的，都會被罰喝墨水。故唐人杜佑撰的《通典》上，便指出：北齊在甄試之時，罰「書有濫劣者，飲墨水一升」之事。到了隋朝時，處罰的範圍，竟包括了會計人員。《隋書．禮儀志》即有「正會日，侍中黃門宣詔勞諸郡上計；勞訖，付紙，遣陳土宜。字有脫誤者，呼起席後立。書跡濫劣者，飲墨水一升」的記載。這種整人手法，直教人匪夷所思。

朱彝尊

不過，身為「初唐四傑」之首的王勃，以下筆不假思索著稱。宋吳氏的《林下偶談》稱其「屬文初不精思，先磨墨數升，酣飲，引被覆面臥。」意即他老兄在痛快地喝完墨水後，一覺而起，不假思索，下筆神速，一揮而就，時人謂之「腹稿」。這也就是肚子裡墨水多代表學問好的典故由來。

據了解，古時的墨，是「以松煙用梣皮汁解膠和造，或加香藥等物造」，不僅多食「無毒」（李時珍語），而且可以入藥，能治十六種病。香墨尤為此中的上品，其製法依宋人李孝美的《墨譜》所記，居然要用甘松香、藿香、零陵香、白檀香、丁香、龍腦香及麝香等香料。由此觀之，墨水的味道，想來應不錯才是。

在清人的飲饌筆記中，有兩道以香墨入饌的佳餚，一是朱彝尊所撰的《食憲鴻祕》裡，有「素鱉」一味，利用墨水調和麵粉，以代鱉裙，看來還可接受，另一則是童岳薦《調鼎集》中的「黑汁肉」，就駭人聽聞多了。其做法為「香墨磨汁，加醬油、酒煨肉」，據說吃起來「別有一種滋味」。我想這黑漆漆的一方肉端上桌來，甭說吃了，光看就令人倒盡胃口。所以，如何以盤飾襯托，讓人覺得賞心悅目，應是其菜好吃與否的關鍵所在。

中國最好的香墨，出自安徽徽州。倘用它充作烹飪的調味料，味道是否會更勝一籌？這我可不敢保證。但您如有興趣做此復古菜，不妨就從黑汁肉小試身手。說不定在玩出心得後，「一舉成名天下知」哩！

佛門珍味
青精飯

烏飯樹之葉其性「甘、平、無毒」，具有除濕、止瀉、變白、祛老、強筋益氣力的功用，取它製作而成的青精飯，氣味清香，油潤光滑，甘甜可口，自來便被奉爲養顏聖品。

西方人在平安夜時，常食火雞大餐以慶祝耶誕節。中國人則在佛誕日當天，用青精飯供佛再食之。兩者基本上所反映出的飲食文化，的確大不相同。

青精飯到底爲啥，竟能蒙我佛青睞？說來還有一段古。原來早期的道教，最注重清心寡慾，故表現在飲食上，力主少葷腥、多食「氣」。青精飯便是他們在此理念下所發明的一種保健食品，供其在山中修煉時食用。據說它不僅味甚美，而且很管用。

此飯在製作上，用南燭木（一名烏飯樹）葉搗爛取汁以浸米，蒸熟再曬乾，顏色碧綠，可耐久貯。自其法傳入市井後，又加了許多藥料，成爲滋補性極強的食療絕品，久服令人容顏煥發並延年益壽。詩聖杜甫曾在〈贈李白〉一詩云：「豈無青精飯，使我顏色好。」由於它大量製作一次，便可吃上很久（註：費工耗時，故無人小規模製作），成本因而不菲，窮如杜甫的人，當然無法常享。

青精飯後被更多的隱士及居士所樂用，成爲「清供類」（指隱士逸人的清雅淡飯）食品。南宋林洪的飲食名著《山家清供》，書中第一款記載的，便是青精飯，由此亦可見它在當時受歡迎的程度。時至今日，江南的宜興、溧陽、金壇和皖南一帶的農村，仍將它當成是應節的食品。像清人顧祿的《清嘉錄》即云：「四月八日（指農曆，當天爲佛誕節），市肆煮青精飯爲糕式，居人買以供佛，名曰『阿彌飯』，亦名『烏米糕』。」

關於青精飯的製法，古今不盡相同。按明代的製法爲先把米蒸熟、曬乾，再浸以烏飯樹葉之汁，總共蒸、曬九次，此即所謂的「九蒸九曝」，其成品顏色碧綠，米粒堅硬，可久貯遠攜，用沸水泡食。而現今的做法，則是以當天做，當天吃爲原則，手續也簡單得多。其法爲初夏採摘烏飯樹之嫩葉洗淨，舂爛加少許水，再行攪濾出汁。接著將糕米或粳米倒入汁中浸泡，待米呈墨綠色後，撈出略掠，隨後把青汁入鍋煮沸，投米下鍋煮飯。熟後飯色青綠，氣味清香，油潤光滑，甘甜可口。

正因爲烏飯樹之葉，其性「甘、平、無毒」，具有除濕、止瀉、變白、祛老、強筋益氣力、久服輕身延年、令人不饑的功用，故取它製作而成的青精飯，自來便被奉爲養顏聖品。其能風行大江南北，廣受各界歡迎，可謂符合時尚，跟得上時代潮流。且可以保證的是，只要人類存在，絕不會褪流行。

山家清供

宋可山人林　洪龍發著

青精飯

青精飯首以此重穀也按本草南燭米金黑飯草即青精也采枝葉搗汁浸米蒸飯暴乾堅而碧色久服益顏延年仙方又有青精石飯世未知石爲何也按本草用赤石脂三斤青粱米一斗水浸越三日搗爲丸如李大日服三丸可不飢是知石即石脂也二法皆有據第以山居供客則當用前法如欲效子房辟穀當用後法讀杜詩旣曰豈無青精飯令我顏色好又曰李侯金閨彥脫身事幽討當時才名如杜李可謂切於愛君憂國矣夫乃不使之壯年以

炸響鈴兒真可口

我曾在妙手廚娘王宣一的家中，兩嚐滋味極佳的炸響鈴兒，或依古法捲成筒狀，或以小三角形呈現，造型各異，內餡鮮美，食之爽脆，馨香四溢，取此下酒，妙不可言。

相傳抗金名將韓世忠自解甲歸田後，便隱居於杭州飛來峰下，自稱「清灤居士」，常騎著掛著響鈴的毛驢，浪跡西湖的山水之間。一日，他騎著毛驢至一酒店要吃炸豆腐衣（皮子），不巧店裡沒貨，無法製作此菜。韓一向有股倔勁兒，不達目的，絕不罷休。於是騎驢至泗縣，買回了豆腐板子。廚師大受感動，炸得格外地香。

此菜因而成名，號稱「乾炸響鈴」。

這道浙江杭州傳統名菜，選用當地特產的泗鄉豆腐衣（又稱東塢山豆腐衣），卷豬裡脊肉餡乾炸而食。其特點是色澤黃亮，形如馬（驢）鈴，香甜爽脆，是道下酒的好菜。如在裡脊肉餡中，加雞蛋和蝦仁等，以豆腐衣包起，抓成小銅鈴狀乾炸，則是名菜抓鈴兒。又，食素者改用筍末、香菇末及馬鈴薯爲餡料，則成素炸響鈴，食來別有風味。

此菜傳到北方後，不用裡脊肉，改用燒方（北京人稱爐肉）又酥又脆的皮，以豆腐皮捲成筒狀，再切成一段段（既不宜包太緊，緊則炸不透，亦不宜包太鬆，鬆則易散開），入油鍋炸至色呈金黃即成。而在臨食之際，再以甜麵醬、蔥白段、花椒鹽等蘸食。由於色澤金黃明亮，入口鹹酥爽脆，咬時吱吱作響，大受食客歡迎，成爲佐酒佳餚。

清代的道光皇帝，原就以節儉著稱，雖然君臨天下，但是小器得很，絕不隨便花錢。他唯一的嗜好，就是在隆冬下大雪之時，點這道菜下酒暖身。有一天，道光無意中翻閱膳食檔，上面載明僅此一道菜，即需紋銀一百二十兩。大驚之下，急忙傳首領太監問話，回奏光是炸這一盤，就要先燒烤好幾隻大豬，所以才這麼貴。道光生於大內，長於皇宮，根本不曉得外頭的行情，一下子就被唬住了，竟咋舌不已。從此之後，再也不肯點食。此事傳出宮外，一些大的餐館，競以此菜廣爲招徠，居然轟動京師，臣民無分貴賤，無不一嚐爲快。日後，由於燒方之皮甚爲難得，再改回用裡脊肉，價錢自然也便宜得多。炸響鈴經過此一輾轉周折，名號更響，加上食法多變，令人嘖嘖稱奇。

有趣的是，台灣當下的江浙館子多不見此菜，反而盛行於湘菜館，形狀變成三角形，蘸著椒鹽或番茄醬吃，名字改叫「香脆響鈴」，似乎別出心裁，感覺不很正宗地道。

我曾在妙手廚娘王宣一的家中，兩嚐滋味極佳的炸響鈴兒，或依古法捲成筒狀，或以小三角形呈現，造型各異，內餡鮮美，食之爽脆，馨香四溢，取此下酒，妙不可言。

老鼠曾經是御膳

鼠肉的風味極佳，其上品的黃鼠肉，不僅早年一鼠難求，而且還是遼、金、元、明四朝的御膳，如非貴爲皇族，等閒不易吃到。

在清代時，凡入翰林院者，都喜歡人稱「老先生」。有一年，浙江來了個姓烏的巡撫，某翰林前去拜會。巡撫聽說他是從翰林院來的，即出上聯：「鼠無大小皆稱老」以諷之。那翰林也不客氣，順口吟出：「龜有雌雄總姓烏」反擊，遂續成此一對仗工整，頗具巧思的對聯，留傳至今。

吃老鼠對某些人而言，實在駭人聽聞。但鼠肉的風味極佳，其上品的黃鼠肉，不僅早年一鼠難求，而且還是遼、金、元、明四朝的御膳，如非貴爲皇族，等閒不易吃到。

今天的北京，曾經是契丹人所建政權「遼」的「南京」。遼自稱「北朝」，將北宋稱之為「南朝」。自雙方簽訂「澶淵之盟」，結為兄弟之邦後，兩朝使臣往來不絕。就在此時，北宋使臣刁約奉命出使契丹，曾戲作四句詩，寫道：「押燕（宴）移離華，看房賀跋支。餞行三匹裂，密賜十貔狸。」由於詩中有幾個是契丹族的語音，試行解釋如下——

「移離華」是契丹官名，其地位等於北宋的宰相，「賀跋支」則相當於北宋的「執衣防閤使」。「匹裂」是一種木壇，「以色綾木為之，加黃漆」，此物出自皇家，規格自然極高。至於匹裂內所裝的「貔狸」，乃學名「達瑚爾黃鼠」的眾多別名之一，可見遼的宮廷內，以黃鼠肉為珍饈。

金襲遼制，大內亦愛食黃鼠肉。到了元朝，因其味極美，充作「玉食之獻，置官守其處，人不得擅取」。此外，據明太監劉若愚在《酌中志．飲食好尚紀略》的敘述，明宮廷在正月時，「所尚珍味，則有冬筍、銀魚、……塞外黃鼠」等等。由此觀之，體大的黃鼠，肉肥壯鮮美，較乳豬而脆，深受帝后們喜愛，一直是御膳美饌。

據文獻記載，這四個朝代的御廚，在料理黃鼠肉時，多加配料蒸製，藉以保留本味，並收其可潤肺生津之效。及至清代，著名的文學家兼美食家朱彝尊在遊山西大同時，曾在宴會時吃到黃鼠肉，乃作〈催雪〉詞以誌其事，詞中有句云：「捎殘雪刲肝驗膽，油蒸糝附，寸膏凝結。鏤切，俊味別。……更何用晶鹽？玉盤陳設……。」看來，當時那位廚子所燒的鼠肉，除油煎外，另用粉蒸法製作，一鼠兩吃，不亦快哉！

我喜食田鼠肉，迄今尚無緣一嚐黃鼠肉，每引為憾事，企盼這年的鼠年，可以大快朵頤，且了夙願。

味蘊郁香
滷鱔麵

把鱔魚劃成寬條，在鹽、酒、醬油裡浸泡三小時，然後濾乾，入滾油快炸，微見焦黃，澆入加糖醬汁，讓汁悉數被鱔魚吸收，然後放湯大煮下麵，現炸現吃。

已故的教育家吳敬恆，集詼諧幽默與嘲罵於一身，堪稱當今「麻辣」的先驅及典型。不過，這位在一九六三年聯合國教科文組織第十三屆大會上被譽爲「世紀偉人」的他，雖好罵人，但也有被人罵的雅量，絕不是個「蒼髯老賊，皓首匹夫」，而是可與幽默大師林語堂等量齊觀的一代「漢字」宗師。

吳老生平最膾炙人口的傑作是一首打油詩。話說某位留學歐洲的年輕畫家舉辦個展，因仰慕吳敬恆，便請他去觀展。當吳敬恆走到這位畫家題名《風景》的得意畫作前，駐足良久，左觀右覽，就是看不懂「妙」在何處，於是即興題了一首打油詩，云：「遠觀是朵花，近看似烏鴉，原來是風景，哎呀我的媽！」傳神有趣，笑翻全場。

籍貫爲江蘇武進的吳敬恆，卻操一口無錫話，至老未改，許多人誤以爲他是無錫人，吳敬恆只是淡淡地說：「說我武進人可，無錫人可，總之，是中國人也。」姑不論他如何解說，但他老人家最愛吃的，則是無錫的滷鱔麵。

據說吳敬恆寓居北平時，有一天，饞蟲發作，想起了念念不忘的滷鱔麵，惟苦無地方覓食。有位無錫的「鄉親」得知後，告訴當時在一所中學任職的王訓導員。王先生原在無錫大吊橋街專賣雞湯餛飩，是「過來福」的小老闆，當然會做滷鱔麵。他聽到「老鄉長」想吃，特地做了兩碗送去，料足工細，味極腴美。吳敬恆大樂，除寫了一幅篆體字相贈外，還連說了幾個葷素兼備的笑話，賓主盡歡，一時傳爲佳話。

據已故美食家唐魯孫的回憶，無錫名館「聚豐園」精心製作的滷鱔麵，是「把鱔魚劃成寬條，在鹽、酒、醬油裡浸泡三小時，然後濾乾，入滾油快炸，微見焦黃，澆入加糖醬汁，讓汁悉數被鱔魚吸收，然後放湯大煮下麵，現炸現吃」。其好吃的訣竅，全在放湯量的多少，「湯少滷麵成糊，湯多魚鮮不足」，這完全憑手勢，絲毫取巧不得。「聚豐園」的滷鱔麵之所以能獨步無錫，即在「中湯料足」，馨香敻美，香溢四座。

我曾分別在台北的「上海極品軒餐廳」及「永福樓」嚐過滷鱔，汁透鮮香，味頗不俗。可惜這兩次都是佳餚滿案，並未下麵而食，現在回想起來，仍是憾事一樁。

●上海極品軒餐廳
地址：台北市中正區衡陽路十八號
電話：（○二）二三八八五八八○

●永福樓
地址：台北市大安區忠孝東路四段五十九號
電話：（○二）二七五二八二三二

除暴安良的美味

把烏雞皮、海蜇皮和豬皮切絲合爲一盤，黑、紅、白三色交織，絲絲相扣，鮮艷奪目，正好影射三「害」綽號「黑豹」、「赤鷩豹」、「白額豹」的顏色，菜名爲「剝豹皮」。

貪官污吏，全民共厭，恨不得將這些人渣盡去之而後快。這種情形，今古皆然。由於唐代及明代的兩位廚師，見狀萌意，心有所感，因而各自發明了一道風味佳餚，至今仍在中國的西北各地廣爲流行，可謂無獨有偶。

話說在中唐時，擔任殿中御史的王旭和官拜監察御史的李嵩、李全交三人，朋黨爲奸，相互勾結。他們雖然職司風憲，卻貪贓枉法，作惡多端，引起京城百姓的憤恨，給這三人各取了個渾號。分別叫王旭為「黑豹」，李嵩為「赤鰲豹」，李全交為「白額豹」，聊洩心中怒氣。長安名廚呂某，素不齒三豹的胡作非為，乃創製一款新菜，把烏雞皮、海蜇皮和豬皮切絲合為一盤，黑、紅、白三色交織，絲絲相扣，鮮豔奪目，正好影射此三「害」綽號的顏色。

一日，兩文士前來用餐，看到這個冷菜，覺得新鮮，用來佐酒更妙，便詢此菜何名？呂告以「剝豹皮」。二人隨即會意，四下猛打廣告。人們出於好奇，紛紛前來品嚐，天天門庭若市。呂某後來被人舉發，並慘遭迫害。但此菜已轟傳京畿，沸沸揚揚，人人盡知。該飯館為了紀念他，遂在三豹伏法後，將「剝豹皮」易名為「三皮絲」，成為西陲佳餚，不過，而今這道菜中的烏雞皮已改為帶皮雞肉，豬皮也換成了醬肘花，其味韌中帶脆，以清爽利口著稱，澆淋醬汁而食，尤覺痛快淋漓。堪稱是一道帶有歷史色彩且又餘味不盡的開胃冷盤菜，允為消暑雋品。

等到明孝宗弘治年間，又出現一道可與三皮絲後先輝映的除奸好菜，那就是秦饌中大有來頭的帶把肘子。

相傳當時同州府（今大荔縣）有個善於烹調的大廚，名喚李玉山，為人正直，不畏權貴。知府居官貪鄙，玉山至為不屑，即使是他五十大壽，亦拒絕操辦其壽宴。隔沒多久，陝西巡撫鄭時至同州視察，知府為討好上司，差人請玉山露一手絕活。玉山正待回絕，其友人尉能說服他前往，並給他出主意，玉山遂前赴府衙燒菜。席間，巡撫嚐到一味，上面連皮帶肉，下襯大小骨頭。鄭時不明所以，便問這是何菜？知府便傳玉山。他來到桌前，從容答道：「大人有所不知，我們這位知府老爺不但喜歡吃肉，連骨頭也吃的。」鄭時本是清官，聽出話中有話，隱指敲骨吸髓，不待知府呵斥，賞些銀兩命退。次日，巡撫喬裝私訪，查明知府劣跡，乃申奏朝廷嚴懲，除去地方一大害。鄭時臨行前，再召見玉山，仍問其菜名？玉山稍一回想，便答：「帶把肘子。」從此以後，此菜世代相傳，成爲陝西獨具特色的地方風味名饌。

帶把肘子的製作考究，用的是帶蹄前豬肘，經刀工處理後，搭配多種調料蒸燉而成，以腳爪狀似把柄，因而得名。其妙在肘肉酥爛、皮爽不膩、香醇味美，現爲當地逢年過節時，宴請親朋好友必備的佳餚。逢春而食此菜，肯定大快人心，期盼世事如棋，局局煥然一新。

天下第一羹小史

將各式羹料置大鍋中燉一夜，使肉、麥極爛，皆化於湯中。味以酸辣爲主。店家則用大鍋置於爐上販賣。冬日清晨，天寒地凍，此際喝上一碗，熱氣騰騰，湯濃如飴，眞是莫大享受。

老牌影星葛香亭曾在台北的西門町開了一家名爲「徐州啥鍋」的小館子，店小人氣旺，座中客常滿。我去過好幾次，啜著啥鍋，搭配荷葉薄餅捲饊子吃，一滑一爽，倒也自得其樂。

自「徐州啥鍋」歇業後，我另在高雄的「孫家小館」吃了幾次徐州啥鍋，其滋味雖只是一般，但就著大餅捲牛肉等而食，亦足以暖胃溫腸，輕鬆打發一頓。

事實上，啥與飥同音，而飥是個在字典裡好像找不到的字。原來飥湯的本尊是雉羹。相傳唐堯在位時，患病久治不癒，籛（音尖）鏗不辭辛苦，打了幾隻野雉，煮羹進奉帝堯。堯飲罷，病體康復，精神煥發。乃以功行賞，封他於大彭氏國（即彭城，今徐州），籛鏗則隨封地改名彭鏗。據說他所烹製的雉羹，除野雞外，還用稷米，煮好後調以鹽梅。由於它是中國文字記載最早的調味羹，故號稱「天下第一羹」。

乾隆有次下江南時，路過徐州，微服出巡。當他來到城隍廟前，聞到撲鼻香氣，循香尋去，原來是早市賣羹湯的攤子。他便問：「這是啥湯？」老闆忙得不可開交，沒說這是雉羹，只漫不經心的附和道：「對，對，煮的是啥湯。」乾隆喝了一碗，風味確實獨特，勝過御膳珍饈。他回到行宮，便引經據典，翻查啥湯來歷，當他得知「啥湯」就是籛鏗進奉帝堯的雉羹時，龍心大悅，不覺脫口說出：「一奚烏雞，雞羹傳世。」隨行的大才子紀曉嵐在旁湊趣道：「戔（音尖）金竹籛，籛鏗調鼎。」正因對仗工穩，剛好是個對子，因而留傳下來。

乾隆讚譽雉羹的消息不脛而走。當地百姓聽說皇帝叫它「啥湯」，好奇之餘，還以為是御賜之名。從此之後，啥湯就這麼叫開了。然而，「啥」字該怎麼寫，字典卻查不出來，只好暫時用近音的古字「糝」字代替。

自乾隆皇開金口後，糝湯生意更加興隆，野雞沒了，改用家雞；稷米不夠了，便用薏米或麥仁取代，滋味依然甚佳。等到光緒年間，徐州西門吊橋附近汪玉林經營的「玉記糝鍋」，以味道純正，名揚遐邇。當時的書家苗聚五在品嚐後，興致勃發，隨即揮毫寫下：「古彭祖雉羹傳世，今汪家糝湯飄香。」這個有名的對聯。

二十世紀中葉，大巷口「永安飯莊」的李龍海師傅爲了提升其滋味，便增加食材，重新配方，製作出新款糝湯。食材除老母雞、豬大骨、豬蹄膀和麥仁外，另輔以丁香、桂皮、豆蔻、白芷、胡椒等佐料，香濃醇郁，味道鮮美，備受歡迎。

目前徐州一般的飳湯，其烹飪之法爲：將各式羹料置大鍋中燉一夜，使肉、麥極爛，皆化於湯中。味以酸辣爲主。店家則用大鍋置於爐上販賣。冬日清晨，天寒地凍，此際喝一碗飳湯，熱氣騰騰，湯濃如飴，眞是莫大享受。

基本上，「糝」字與湯，實音近而義不符。於是有人主張另造一「飳」字替代，沒想到一呼而群起響應，遂正名沿用至今。想不到從雉羹到飳湯，歷經四千多年，居然分身林立。截至目前爲止，可謂定於一尊，始終屹立不搖，堪稱食林傳奇。

●新徐州啥鍋（原徐州啥鍋廚師重開）
地址：台北市中正區延平南路五十五號
電話：（〇二）二三七一九六六九

●孫家小館（漢神巨蛋店）
地址：高雄市左營區博愛二路七七七號五樓
電話：（〇七）五五三四一一〇

阜寧大糕白如雪

攪糖須「擦三次」，裝模還要「打三捶」，過篩得「打三刀」，不然就無法做出那白如雪、甜如蜜、薄如紙、軟如綿、舒卷自如、入口即化的阜寧大糕了。

〈飛雪〉是首很有意思的詩。相傳乾隆下江南時，途中遇雪景，隨口數雪片，於是「一片一片又一片，兩片三片四五片，六片七片八九片」地吟哦起來，數到八九片後，再也無法爲繼。就在這個時候，隨從在側的大才子紀曉嵐，見景起意，連忙續上「飛入蘆花都不見」一句終結，大爲乾隆所激賞，遂得以留傳至今。

此詩用簡單的數字組成句子，強有力的表達出目不暇給，連續且急促的景觀，結句更是順水推舟，點明主題，其妙在不言雪卻是雪，引人不盡遐思，確是一首好詩。

然而，此詩另有版本，倒是與吃有關。話說清朝初年，江蘇皋寧一帶，大糕作坊林立，鹽商富賈雲集，市面繁華熱鬧，惹得下江南的乾隆，忍不住駐蹕盤桓。某天，大雪紛飛，乾隆在汪姓鹽商的花園溫廳賞雪，不禁詩興大發，乃隨吟著：「一片一片又一片，三片四片五六片，七片八片九十片……」吟到這兒，望著窗外飛舞的鵝毛大雪，再也續不下去。值此尬尷之際，汪鹽商忙捧著一只細花瑪瑙盤子，托著名產大糕，前來跪獻皇上，並奏道：「此乃草民家傳糕點，前蒙皇上賞識，叩請恩賜佳名。」乾隆把玩著糕點，見其色白如玉，卷得起，放得開，拈起送口，滋潤綿軟，……雖已轉移焦點，仍在苦思冥想。無意中觸及龍袍玉帶，遂靈機一動，賜名為「玉帶糕」。從此名揚五湖四海。

製作皋寧大糕，其原料除精選白糖、油脂及蜜餞外，尤重色澤潔白、外觀齊整、品質純一的糯米。生產之時，則分選淘、炒、篩、碾米、潤粉、熬糖、成型及回焐、切糕等程序。工序著實繁雜，必需嚴謹面對，操作時間長短，手藝嫻熟與否，往往影響質量。比方說，其在炒米時，得不溫不火，不生不糊，且個個開花；而在成型中，攪糖須「打三捶」，過篩得「擦三次」，裝模還要「打三刀」，不可省減其一。不然的話，勢必無法做出那白如雪、甜如蜜、薄如紙、軟如綿、舒卷自如、入口即化的皁寧大糕了。

記得好幾年前，鄉親自遠方來，贈送兩盒大糕。其時春寒料峭，偷浮生半日之閑，沏上一壺熱茶，手捧小說一冊，邊讀邊吃，邊吃邊看，不旋踵而一盒盡，舌本留香，欲罷不能。而今回想起來，仍覺其味津津，好想再如法泡製一番，解解饞癮。

點心聖手蕭美人

「妙手纖纖和粉勻，搓酥摻拌擅奇珍。自從香到江南日，市上名傳蕭美人。」

清乾隆在位時，揚州空前繁榮，飲食大放異采，可謂盛極一時。著名的詩家袁枚，對飲食之道極有研究，經其品題，聲價十倍。在其鉅著《隨園食單》內，便有一則「蕭美人點心」，寫著：「儀眞南門外，蕭美人擅製點心，凡饅頭、糕、餃之類，小巧可愛，潔白如雪。」

話說乾隆有次南巡，袁枚曾去迎駕，將蕭美人的點心獻食御前，受到皇上青睞。這位聲名赫奕的蕭美人，經考證，生於乾隆七年（即一七四二年），比袁枚小二十七歲，比曹雪芹則小二十八歲。曹所撰的《紅樓夢》中，出現不少淮揚名點，或恐受她影響。時至今日，揚州筵席單尾例寫「蕭美人點心」，純屬虛應故事，早非舊時味了。

不過，這位點心大師的生平，見之於文字者並不多，只知她爲江蘇儀眞（又名儀徵）人，當地爲揚州府治下的一個縣，縣城位於長江北岸，從鎮江到南京的船舶，皆在此停靠。蕭美人在此開店，只要滋味夠好，自然容易名播四方。其顧客大部分爲過往客商。因此，住在南京的袁枚，一旦想吃其點心，也得託人去儀眞購買，再用船載回來。

乾隆五十七年重陽節時，袁枚又託人赴儀眞購買三千只點心（內分八種花色），並將其中三分之一，奉贈官居江蘇巡撫的奇豐額。其時蕭美人已五十歲，生意做得火旺。畢竟能隨時供應三千只精緻的點心，絕非易事。然而，這趟運送途中，正巧遇到大風，整整受阻三天，才抵達目的地。但此批點心的風味仍佳，奇豐額食而甘之，贈詩答謝兼詢來歷。

袁枚以詩回覆，云：「說餅佳人舊姓蕭，良朋代購寄江皋。風回似采三山藥，芹獻剛題九日糕。洗手已聞房老退，傳箋忽被貴人褒。轉愁此後眞州過，宋嫂魚羹價益高。」在此詩中，袁枚將蕭美人比作宋代名廚宋嫂，深恐她的點心被搶貴，同時暗示她出自風塵，徐娘半老時，才洗手不幹，故沿用舊名，稱之爲美人。

而與袁枚同時期的文人雅士，不少人撰詩讚揚蕭美人，或讚她貌美如花，「面如夾岸芙蓉，目似澄澈秋水」；或稱她「麻姑指爪」，具有神仙般的手藝。總之，非比尋常。

如吳煊詩云：「妙手纖纖和粉勻，搓酥摻拌擅奇珍。自從香到江南日，市上名傳蕭美人。」另，與袁枚齊名的趙翼，則賦詩云：「出自嬋娟乞巧樓，遂將食品擅千秋，蘇東坡肉眉公餅，他是男身此女流。」

趙詩中的蘇東坡肉，即現仍流行的東坡肉，享譽近千年。眉公乃明末大名士陳繼儒的別號，所製作之餅，亦具有高知名度。趙翼稱她的手藝之棒，可媲美這兩大名士，當非過譽。此外，他亦力讚蕭氏美貌，年輕時不可方物，人見人愛，待紅顏褪去，名號則更響，絕活「其貴比金」。

現仍供應「正港」蕭美人點心的所在，乃揚州名店「富春茶社」，其製作的點心，號稱得蕭美人眞傳，「雪糕片片式翻新」，曾有絕品之譽。然而是否傳神，只能自由心證，全靠想像罷了。

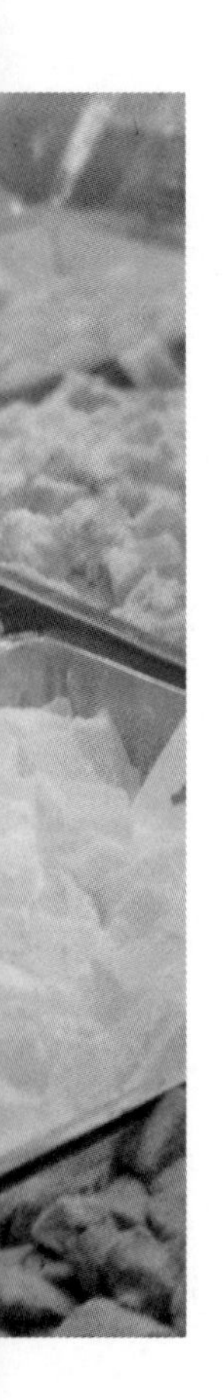

麻薩末一頁傳奇

虱目魚的料理方式，多采多姿，燉蒸滷炸，煎煮烤熏，製粥米粉，應有盡有。既是民間小吃，亦是盛宴佳饈。

台語稱爲「麻殺目」或「麻虱目仔」，是一種海產硬骨魚類。牠在魚類的分類上，屬於虱目魚亞目，虱目魚科，虱目魚屬。由於虱目魚僅一屬一種，確爲分類學上所罕見。

據《台灣通史・虞衡志》的記載：「台南沿海素以畜魚爲業，其魚爲麻薩末，番語也。或曰，延平（指鄭成功）入台之時，始見此魚，故又名國姓魚云。」可見「麻薩末」爲原名，屬於西拉雅語。又，此魚煮湯時，湯的顏色白稠，看起來像牛奶，因而英文稱之爲Milk Fish，直譯爲「奶魚」。目前主要分布於台灣西南沿海（即雲林、嘉義、台南、高雄、屏東）一帶，年產量約占台灣養殖魚類之半，其養殖技術之高，更居東南亞各國之冠。

虱目魚的料理方式，多采多姿，燉蒸滷炸，煎煮烤熏，製粥米粉，應有盡有。既是民間小吃，亦是盛宴佳餚，而在我所吃過的全餐中，則以位於台南縣七股鄉龍山村附近的「外國安」最富特色，耐人尋味。

老闆陳俊雄（綽號外國安）並非科班出身，但自投入虱目魚料理的研究後，前後開發出數十種新穎做法，因而聲名大噪，有口皆碑，奠定其虱目魚料理之王的崇高地位。由於慕名而至的食客太多，早年遂推出十一道自配菜餚，索價二千元的虱目魚全餐，以應付洶湧如潮的賞味者。只是這種吃法，即使風味尙可，但終究粗了些，如果懂得門道，寧可多花點錢，吃其精緻菜色，以免枉走一遭。

其魚排的做法，以蒜汁大火清蒸（下鋪大蒜，整個蒸透，蒜綿軟而肉嫩滑）、紅燒（先行醬漬，味透魚內）、軟炸（裹地瓜粉炸透，爽腴非常）這三種最負盛名，各有千秋。而魚片的做法，或以芹菜炒，或和麵線煮湯，都有其特色。但較令人印象深刻的吃法，則是用魚片和馬鈴薯丁、胡蘿蔔丁、鮮蝦仁等蒸蛋，其味甘而鮮，但頗費功夫，如非先預訂，想要送入口，得靠好運氣。

陳氏最讓我難忘的美味，乃虱目魚生（即沙西米），其做法是在摘油、去皮之後，以冰鎮之，然後用大菜刀鑾切，盡去魚刺，肉片極薄，放眼看去，其形狀與色澤，酷似波卡洋芋片，入口軟綿而糯，甘甜且鮮，滋味一等一，須臾即盤空。此法未有傳人，終將成為廣陵絕響。

顯然欲食好滋味，不但動作得快，而且須先下筷為強。

●外國安虱目魚專賣店
地址：台南縣七股鄉龍山村西二三二號
電話：（〇六）七八七二〇三九

波斯的饢最好吃

饢是一種用玉米或麵粉經發酵後，再烤製成的餅類食品，以圓形爲主，其特點爲乾香酥脆，能久貯不壞，便於攜帶，非常適宜在沙漠長途旅行時食用。

食友涂又明律師，是個性情中人，他於飲食方面，有其獨到見地，記得在幾年前，他曾告訴過我，饢的滋味最棒。他去新疆之時，前後吃了幾次，一直念念不忘。

饢乃是一種用玉米或麵粉經發酵後，再烤製成的餅類食品，以圓形爲主，其特點爲乾香酥脆。此字源於波斯語，流行於阿拉伯半島、土耳其和中亞、西亞各國。維吾爾族起先叫它爲「艾買克」，直到伊斯蘭教傳入新疆後，才改稱饢。另，據《唐書》

記載，居住在新疆葉尼塞河流域的柯爾克孜人，早在唐代之前，就食用一種麵食餅餌，也就是饢的一種。由於饢所含的水分少，能久貯不壞，便於攜帶，非常適宜在沙漠長途旅行時食用。再加上它遇水或火，一泡一烤就能吃，即使在無水無火的沙漠裡，只要埋在沙中，過不了幾分鐘，馬上酥軟可口，眞是其妙如神。依故老相傳，當年唐僧過戈壁到西方取經，一路上所吃的就是饢。

饢因投料、製作、造型和烤製的方法不同，名稱也相應而別，最著者有片饢、肉饢、疙瘩（窩窩）饢、托喀西饢、甜饢、油饢及芝麻饢等十餘種。其中，托喀西饢甚至比茶杯口還小，製作時加雞蛋、油、糖等，酥甜可口，越放越酥香，遠行攜帶甚佳；最厚的是疙瘩饢，形似麵包，但中有深溝，外皮脆而乾，存放數日仍暄軟，頗受歡迎。片饢極薄，周邊較厚而中間薄，其在製作時，還扎過釘子，使其有小孔，厚處軟而有筋骨，薄的地方則脆香。維族人常用此就著烤羊肉串，其味彌佳，令人愛煞。

至於涂律師深愛的肉饢，其麵先發酵過，做法是把羊肉切碎，放上洋蔥、鹽和一些佐料，和入麵中去烤。正因味道突出，嗜此者大有人在，號稱一枝獨秀。又有一種甜饢，是把冰糖溶化，塗在饢的表面，烤好之後，冰糖結晶，在陽光下晶瑩奪目，分外好看，愛吃甜品的，一吃就上口，欲罷不能。

就在兩年之前，我因機緣湊巧，遠赴伊朗（即古波斯）旅遊。先抵德黑蘭市，次日一早，逕奔裏海，參觀製作魚子醬，此醬獨步全球，價昂媲美黃金。第三日夜闌時分，才回到德黑蘭，奔行千里，人困腹饑。用過館子裝潢華麗、口味也很道地的自助餐後，精神爲之一振。隨即漫行市區，發現一個小館，食客如織，賣的則是水煮羊頭和片饢。羊頭肉雖油但嫩，饢或浸湯或獨食，皆妙不可言，這是我食饢的初體驗，印象至佳。

其後數日，幾乎餐餐食饢，味道都還不錯，惟最難忘的，則在葡萄酒原產地席拉子。當參觀完一座將近千年的古清眞寺後，導遊帶我們一行人轉入附近小巷中，在巷尾幽靜處，看見做饢作坊，由坑旋烤旋釘，正是絕佳片饢。此饢直徑一尺，觸手猶覺其燙，入口香脆綿軟，好吃得不得了。就在這當兒，自然更能體會「味美不怕巷子深」這句俗話，絕非虛語。

梁才子巧製雞粥

「把整隻雞洗淨後，放在大鍋稀飯裡，幾小時後雞爛了，把不可食的骨頭取出，其餘皮肉都拆絲，再加上蔥花、薑絲、芫荽、胡椒粉、油條、薄脆、蝦仁等作配料。」

原名均默，及壯，始易名的梁寒操，爲粵南高要縣人氏。出身貧農家庭，因資質聰穎，在啓蒙之時，便高出同儕。就讀三水縣西南中學時，每試必列前茅，有「神童」之稱，校長鄧先生極器重，稱許爲非凡之輩。後受孫科賞識，擔任立法院祕書長，且膺選中央委員，聲譽更盛，另，他本人精究飲食之道，無論家居何處，總是高朋滿座。

八年抗戰時，這位梁才子受到當局倚重，出任軍事委員會桂林行營政治部主任。當桂林行營的任務結束後，他一度寄居貴州省息烽縣鄉間的省府招待所，一方面修身養性，另方面則是等待新的派令。

一日，招待所的朋友問他明早想吃什麼？他回說家鄉的雞粥，然而招待所的廚子不會燒，他於是把材料及做法傳授給廚子。第二天清晨，大家吃了這種南粵雞粥，「都說非常好吃」，而且百吃不厭。一些陪同他的省府官員，在回到省城貴陽後，無不仿造他的法子來做雞粥，「梁公粥」之名，遂不脛而走，在西南各地頗爲知名。

梁氏重返重慶後，隨即奉命出掌中國國民黨中央文宣部。過了一段時間，他赴新疆公幹。待在省城迪化的當兒，他爲了能吃到滿意的早飯，也將雞粥的燒法，告訴招待所的廚子。共膳的省主席盛世才和駐守迪化的將軍朱紹良等人，無不吃得津津有味，要求家廚學做。從此之後，「梁公粥」亦西出陽關，流行於西北地區。

梁寒操後出任中華日報及中國廣播公司董事長，前後長達十餘年之久。他在所撰寫的〈嶺南飲食的欣賞〉一文中，曾披露其雞粥的做法，即「把整隻雞洗淨後，放在大鍋稀飯裡，幾小時後雞爛了，把不可食的骨頭取出，其餘皮肉都拆絲，然後再放到鍋裡，即可舀出來吃。若再加上蔥花、薑絲、芫荽、胡椒粉、油條、薄脆、蝦仁等作配料，那就更好吃了。」

我愛吃香港「生記粥品專家」的鮮雞粥，其雞全用雞腿上的條狀精肉，略醃而滾，肉嫩而活。粥內除薄脆、蔥花外，尚可加入生菜、皮蛋或雞蛋，亦可與魚腩、牛肉、豬潤（肝）、魚球等拼食，如再搭配著油器（即油條）而食，粥糜肉嫩香透，不僅老少咸宜，而且馨逸可口，確爲吃早餐時一款不可多得的雋品。其美味比起梁公雞粥來，應無二致，但後者顯然更易消化，允爲神品。

●生記粥品專家
地址：香港島上環畢街七之九號
電話：（八五二）二五四一一〇九九

煎扒鯖魚的趣味

「扒菜不勾芡，湯汁自來黏」。「扒」是將經過初步熟處理的食材整齊入鍋，加湯水及調味品，小火烹製收汁，保持原形成菜裝盤的烹調方法。

有一戲台聯，短短十個字，卻有包容量，將千古人物、政治風雲都納入其中，極富哲理。此聯云：「舞台小天地；天地大舞台。」這一「大」一「小」，眞耐人尋味。

話說二十世紀二〇年代，杭州城有劇團演出《光緒痛史》，曾經歷百日維新的康有爲，特地前往觀賞。看到台上一個演員，其所扮演者，正是戊戌變法中自己的角色，不禁感慨萬千，特賦絕句抒憤。其中的一首云：「猶存痛史懷先帝，更復現身牽老夫。優孟衣冠台上戲，豈知台下即眞吾？」座中客居然也是劇中人，誠爲戲曲史上所僅見。

康有爲本身不僅是位大思想家，同時對書法頗有研究，寫得一手好字，向有「康體」之譽，是清末民初的大書家之一。然而，他的書作中，不見扇面傳世，有人問他原因，他表示，有些人會拿扇子如廁，爲怕所題之字熏臭，所以從不幫人在扇子上題字。其惟一的例外，居然是送給一位廚師。

原來民國初年時，康有爲途經河南開封，慕名前往名館「又一新」用膳。豫菜大師黃潤生親自下廚，燒了一道極受商賈和官員們喜愛的美饌——煎扒鯖魚頭尾。康氏品嚐之後，不禁拍案叫好，稱其「骨酥肉爛，香味醇厚」，乃引漢代名饌「五侯鯖」作比喻，即興題寫了「味烹侯鯖」的條幅，贈給店主錢永陞留念，以示對味美的讚賞。更破天荒地邀黃廚小敘，並贈題寫「海內存知己」的摺扇一把，聊表感謝之忱。此菜從此聲譽鵲起，盛名迄今不衰。

康有為

關於煎扒鯖魚頭尾的燒法爲，先選用肥大的螺螄鯖（註：青魚的上品），在整治乾淨後，截去其中段，留頭尾備用。魚頭一破爲二，帶皮切成條狀，魚尾亦連肉切條狀，以小火煎至黃色。再把主、配料（冬筍、香菇、火腿）鋪好放入扒篦裡，另將蔥、薑在鍋內爆香，接著下紹酒、醬油、雞高湯，然後把各料扒墊順入鍋內，先以大火燒沸，後用小火收汁。待其汁轉濃稠，隨即扒入盤內，澆淋湯汁即成。

此菜色澤棗紅，肉嫩骨酥，汁濃味鮮，妙在非常入味，因而膾炙人口。又在此值得一提的爲「扒」這一技法。它主要是將經過初步熟處理的食材整齊入鍋，加湯水及調味品，小火烹製收汁，保持原形成菜裝盤的烹調方法。且通常用在製作筵席主菜，其口訣是「扒菜不勾芡，湯汁自來黏」，沒有兩把刷子，是絕對燒不出其主料軟爛，湯汁醇濃，菜汁融合，豐滿滑潤，色澤美觀的特點來的。

虱目魚頂級料理

重頭戲當然是吃魚頭，只消將尊口對準魚嘴一吸，其眼珠、魚臉、頭髓等精華，一股腦悉入口中，但覺清香溢齒際，膏脂入喉吻。

依荷蘭人修士德的說法，早在西元一千四百年之前，印尼就有虱目魚養殖。話說荷蘭人攻占印尼，並成立具有政府職權的「東印度公司」後，即坐抽魚稅。等到他們占領台灣，爲了長享利源，便鼓勵漢人在熱蘭遮城（今安平古堡）附近，像印尼人般飼養虱目魚。其後的明鄭、滿清、日本等政權繼之，台灣虱目魚業的養殖，遂在華人地區一枝獨秀，進而形成獨具一格的虱目魚料理。一般而言，整魚或魚肚部分，可以或煮或煎或烤；魚頭、魚尾、魚腸及魚皮皆可煮湯，後二者還能汆燙，搭配薑絲，再蘸調汁而食；魚腱的吃法亦多，以炸及滷較爲常見；此外，其背肌尚可打成魚漿做成爽脆可口的魚丸。至於虱目魚粥嘛！更是很多饕客早餐或吃宵夜的首選，做法簡簡單單，卻有無窮滋味。

我愛吃虱目魚，即使其普林高，容易造成痛風，仍然吃無反顧，只要牠夠新鮮，總是欲罷不能。而在我所嚐過的各式各樣料理中，若論其滋味之棒、造型之新穎獨特及變化之妙，必以「奇庖」張北和的「頭頭是道」爲第一。

所謂頭頭是道，意即條理分明，語出《明儒學案》，云：「頭頭是道，不必太生分別。」張氏由此滋生靈感，既取其意，復取其象，一旦落實於料理之中，就自然而然地呈現出嶄新又超凡的面貌。從而將他的創造潛力與吃道境界，發揮得淋漓盡致。

這道菜用十二隻半斤重的虱目魚當食材，專取其魚頭、魚尾、魚腱及加工製成的魚丸，排列成八卦形，擺在大白瓷盤的東西南北四個方位，中間則放十二個炸魚腱，並疊成塔狀，隱藏五行圖象，另置十二碗魚丸湯環列瓷盤，大有「橫看成嶺側成峰」及「玉壘浮沉冠古今」之勢，玲瓏工巧，錯落有致，儀態大方且氣象萬千。

由於此道菜一式四種，一次端上，故有饕客戲稱它爲「頭頭四道」，講法雖直截了當，卻點出其中的關鍵。而在享用之時，先從其魚丸湯吃起，此湯以雞肉、田雞、玉米、竹筍等熬成，及至臨吃之際，湯面再灑上芹菜末和自研的胡椒粉。湯汁濃醇中不掩清洌，魚丸則彈牙帶爽，極爲適口鮮美。接著再食魚腱，其質鬆泡有勁，馨香之氣四溢。

重頭戲當然是吃魚頭，只消將尊口對準魚嘴一吸，其眼珠、魚瞼、頭髓等精華，一股腦悉入口中，但覺清香溢齒際，膏脂入喉吻，簡直棒透了。最後，膽大心細者，再細品魚尾，愈探而滋味愈出，饒富興味，食趣盎然。

此菜不僅爲張氏多次獲得台灣的烹飪大獎，而且還遠渡重洋，讓他在一九九〇年上海第一屆食品節展示時，大放異彩，令評審們艷羡不已。以致這個最「本土」且創意十足的絕佳菜色（註：已故飲食名家逯耀東教授食罷的評語），賴其慧心巧手，得以聲聞兩岸，眞是台灣之光，實値大書特書。

●將軍牛肉大王（原頭頭是道）
地址：台中市北區學士路一五八號
電話：（〇四）二二三〇五九一八

鐵鍋烤蛋撲鼻香

梁實秋指出，「這道菜的妙處在於鐵鍋保溫，上了桌還有吱吱作響的滾沸聲，這道理同於所謂的『鐵板燒』，而保溫之久猶過之。」

據已故食家唐魯孫的說法：「河南飯館有一個菜叫銅鍋蛋，雞蛋五、六枚破殼放在大碗裡，用竹筷子同一方向急打一、兩百下，打得蛋液發酵，在碗裡蛋液泡沫如雲霧般漲了起來，然後將銅鍋在灶火上燒紅，放入煉好豬油、蝦子醬油，先炰蔥薑，炰香揀出，蛋液倒入油中翻滾，然後用火鉗子夾住離火，功夫久暫那就要看大師傅手藝了。此刻蛋在鍋裡，已經漲到頂蓋，堂倌快跑送到桌上，不但鍋裡蛋吱吱作響，而且漲得老高，不僅好看，且腴香噀人。」他並認爲「銅鍋蛋原本是用紫銅鍋，它傳熱快，不知道爲什麼改用鐵鍋了，黝黑焦底，滋味雖沒什麼不同，可是觀瞻上就差得太多啦！」

事實上，唐老的看法與眞相頗有出入。因爲鐵鍋蛋始於清朝末年，由「厚德福飯莊」創建人陳建堂（河南杞縣人）所創製。該店在北京、上海、天津、南京、瀋陽、重慶等十六商埠，以及美國、香港等地，均設有分號，盛極一時。且各分號的看家本領，全是鐵鍋蛋，遂博得「特殊菜」的美譽，成爲鎭店名餚。

散文大家梁實秋乃北京厚德福的少東，正因如此，他描繪自家製作的鐵鍋蛋來，自然特別傳神，他指出：「厚德福的鐵鍋蛋是燒烤的，所以別致。當然要先買備黑鐵鍋一個，口大底小相當高，鐵要相當厚實。在打好的蛋裡加油、鹽佐料，摻一些肉末，綠豌豆也可以，不可太多，然後倒在鍋裡、放在火上連燒帶烤，烤到蛋漲到鍋口，作焦黃色，就可以上桌了。這道菜的妙處在於鐵鍋保溫，上了桌還有吱吱作響的滾沸聲，這道理同於所謂的『鐵板燒』，而保溫之久猶過之。」

除上述之外，唐魯孫印象中最深刻的銅鍋蛋，乃袁世凱次子袁寒雲「用上好雪舫蔣腿肥三瘦七剁成碎末，加入蛋內；梁實秋則謂北京厚德福的定例，則是將美國製的乾乳酪切成碎丁摻在蛋裡。」前者自云：「高出一籌。」後者自認：「氣味噴香，不同凡響。」可惜我雖吃過幾款鐵鍋蛋，但這兩味尙未染指一試，頗引爲憾。

當下最有名的鐵鍋蛋，應是鄭州市的豫菜大廚楊振卿所研製的三鮮鐵鍋烤蛋。此菜最特別之處，乃在蛋液中添入魷魚丁、海參丁及海蝦丁這海味三鮮及烹製之時，必須上烤下烤。成菜色澤紅黃、油潤明亮。而在享用當兒，得佐以薑末、香醋，始有蟹黃滋味，非但滿口鮮香，而且別開生面。

由此可見，此一烤蛋的風味，不在於器皿用銅或鐵，而在於所羼的配料，戲法人人會變，巧妙各有不同，如何運用拿捏，端賴慧心巧手。

大馬站煲超惹味

先將燒肉（中豬斬件燒烤）切成條狀，於鍋上爆油後，接著添入大蒜、生薑、大蔥及蝦醬同爆，最後加上豆腐、韭菜再煮，原煲整隻上桌。吃罷添料再煲，滋味更爲濃郁。

司機們聚在一起解決三餐的地方，往往都是經濟實惠、物美味佳的所在。曉得門道的人，每能享受意想不到的美食。粵菜中的大馬站煲，即是在這種情況下被發掘的。

話說中日甲午戰爭前，人稱「香帥」的張之洞，總督兩廣，開府廣州。他是個大老饕，遍食山珍海味，當年在京城時，時常尋訪珍饈，留下不少飲食軼事。張心儀粵菜已久，一旦走馬上任，除帶來原有的家廚外，另聘一名粵廚，只要在城裡的酒樓嚐到好菜，便命其仿製供餐，遂因而得以飽啖羊城的一些美味。

一個寒冬的夜晚，張之洞路過廣州鬧市雙門底，突聞陣陣「異」香，令他食指大動。一回到府中，便吩咐廚子循香查訪，依式做份菜來，準備大快朵頤。

廚子依言前往，尋到一塊壙地，只見許多車伕、轎伕圍在一起煮食，香飄四境，惹人垂涎。便挨近查看，見他們所煮食的，都是些平凡材料，實不登大雅之堂，乃據實回報。張之洞大爲好奇，非試不可。廚子只好前去偷師取法，不久盡得其祕而歸。

待晚膳端出時，香帥一嚐，頻頻叫好，忙問何名?廚子回說不知，但那地方俗稱「大馬站」，乃馬伕、轎伕們休息的所在。張之洞便告訴他，今後此菜便叫「大馬站煲」，十天供食一次。廚子唯唯而退，每旬例供不斷。

廚子和同行閒聊時，不免提及此事，大家引爲趣談。飯店老闆聞罷，馬上靈機一動，在詢其做法後，隨即推出應市，並說總督大人愛吃，實乃禦寒無上妙品。這菜一經渲染，天天供不應求，別的飯店見狀，無不紛紛跟進，從此流行嶺南，成爲家常佳餚。

早年我赴香港時，一些陋巷中的小館，仍有販售大馬站煲，曾點食了幾回，食味津津，甚有好感。

張之洞

這道菜鹹鮮下飯，兼且下酒。在製作時，先將燒肉（中豬斬件燒烤）切成條狀，於鍋上爆油後，接著添入大蒜、生薑、大蔥及蝦醬同爆，最後加上豆腐、韭菜再煮，原煲整隻上桌。吃罷添料再煲，滋味更爲濃郁。

現代人的飲食習性，主張清淡健康，反對重油厚味。不過，寒夜偶嚐大馬站煲，呷上兩口燒刀子，可謂深得「味外之味」，那股快樂勁兒，誠非筆墨所能形容。

總理衙門是混蛋

用雞蛋與雞絲、雞肝、雞肫等料一起糊燴，管它叫做「總理衙門」，意在影射「混蛋加三級（雞）」。

據說民國首任的大總統袁世凱有個壞毛病，那就是動輒罵人「混蛋」。其實，「混蛋」可是道味美的好食，諸君不可不知。

這所謂的「混蛋」嘛！當然是用蛋做的，而且用的是雞蛋。清人童岳薦所著的《調鼎集》中，最早記載其做法，指出：「將雞蛋殼敲一小孔，清黃倒出，去黃用清，加濃酒煨乾者拌入，用箸打良久使之融化，裝入蛋殼中，上用紙封，飯上煮熟，剝去外殼，仍渾然一雞卵也，極鮮味。」稍後，袁枚的《隨園食單．小菜單》中，亦載此味，做法大同小異，只是濃酒換成濃雞鹵，菜名也改成了「混套」。事實上，這道菜的工序雖然繁複，但在操作上，並不特別困難，閣下如有興趣，儘可依式製作，藉博家人一粲。

廚藝是越做越細，精益求精的。由「混蛋」衍生而出的湖南「換心蛋」、安徽的「八寶蛋」與湖北「石榴蛋」，花樣增多，形狀越俏，竟把普通的雞蛋，混得一塌糊塗，味道反而更加鮮美可口，實在很有意思。

言歸正傳。「總理衙門」怎麼會和「混蛋」牽扯上呢，原來清文宗在位時，鑒於涉外事務頻仍，乃於咸豐十年十二月廢除理藩院，另設「總理各國事務衙門」，簡稱「總理衙門」，劃一外交事權，設置外交專官。然而，該衙門的大權，始終落在一些無知的王公大臣手上，且辦事的人員，則多爲紈袴子弟，整天不務正業。尤令人氣憤的是，這群不學無術的公子哥兒，一旦鑽對門路，居然都能升官，而且連升三級。這種腐敗現象，人們十分不滿，遂將這些蠢蛋，斥之爲「混蛋加三級」。一日，衙門內的外交家錢恂，突發奇想，請館子烹製一盤自創的菜色，即用雞蛋與雞絲、雞肝、雞肫等料一起糊燴，管它叫做「總理衙門」，意在影射「混蛋加三級（雞）」，引起廣大迴響。

這道獨特菜餚，讓我想起了台南名食「棺材板」。按其製法：乃將厚片土司切去邊皮，炸至酥透，剜去上層備用；然後塡入雞肝、雞肫、豌豆、馬鈴薯、花枝、蝦仁、奶油等糊燴的作料，覆上原蓋即成。說來怪巧合的，這兩者的相近處爲作料雷同，手法類似，惟後者內無蛋，混得還不夠透徹；至於其相同之處，則是乍聞其名，莫名其妙。

坦白說，人的想像力無窮無盡，菜餚才能打破界限，超越時空，邁向全方位發展。亦唯有如此，不論其「結果」是好是壞，始可驚嘆連連，或擊節讚賞，喜極而泣，或雙手一攤，不斷搖頭。先就此點而言，古人所認為的「天地混沌如雞子（蛋）」，進而由此製成「混蛋」，確為奇思異想的傑作，委實妙不可言。

韭菜籑中有玄機

「像這樣的韭菜籑端上一盤，你縱然已有飽意，也不能不取食一、兩個。」

晉人周顒隱居鍾山，文惠太子曾問他說：「什麼蔬菜的滋味最美？」周答道：「春初早韭，秋末晚菘（即大白菜）。」此語深得我心，奉為圭臬至今。

散文大家梁實秋說他有一年「在青島寓所後山閒步，看到一夥石匠在鑿石頭打地基，將近歇晌的時候，有人擔了兩大籠屜的韭菜餡醱麵餃子來，揭開籠屜蓋熱氣騰騰，每人伸手拿起一隻就咬，一陣風吹來一股韭菜味，香極了。我不由的停步，看他們狼吞虎嚥，大約每個人吃兩隻就夠了。因為每隻長約半尺。隨後又擔來兩桶開水，大家就用瓢舀著吃。像是《水滸傳》中人一般的豪爽。我從未見過像這一群山東大漢吃得那樣的淋漓盡致。」

然而，「水能載舟，亦能覆舟」，因場景的不同，有人吃這包韭菜餡的玩意兒，還眞是難以下嚥。像清人崇彝的《道咸以來朝野雜記》便載一段與此有關的軼事，內容有些勁爆。原來道光皇帝的五子奕誴，性格不穩，言行浮躁，顯然不是塊當皇帝的料，加上其生母祥妃鈕祜祿氏氣焰囂張，不成體統。道光實在看不下去，乾脆來個釜底抽薪，將奕誴過繼給自己的三弟，即去世而無後的惇恪親王綿愷，並降襲爲惇郡王，其母亦被降爲貴人，算是永絕後患。

奕誴的本性難移，生活不檢點如故，常在天熱時，作葛衣葵扇裝扮，箕踞什刹海（位於北京北海後門）納涼，十足像個市井中人。他酒量極宏，最愛玩的惡作劇，就是在宴客之時，雖擺滿整桌佳餚，卻不准賓客下箸，只許飲烈酒終席。有的人受不了，想要吃點東西，他便給些塗滿辣醬的韭菜簍，因其味太辛辣，以致無法下嚥，搞得舉座不安。這種整人方式，可謂整到家了。

梁老又提到令他最懷念的韭菜簍，爲出自北京「東興樓」的絕品。它的做法及特色，乃「麵醱得好，深白無疵，沒有斑點油皮，而且揑法特佳，細褶勻稱，揑合處沒有麵疙瘩，最特別的是，蒸出來盛在盤裡，一個個的高壯聳立，不像一般軟趴趴的扁包子，底直徑一寸許，高幾達二寸，像是竹簍似地骨立挺拔。看上去就很美觀」，他甚至疑心是利用筒狀的模型。其餡子也很講究，「粗大的韭菜葉一概捨去，專選細嫩部分細切，然後拌上切碎了的生板油丁。蒸好之後，脂油半融半呈晶瑩的碎渣，使得韭菜變得軟潤合度。」因此，「像這樣的韭菜簍端上一盤，你縱然已有飽意，也不能不取食一、兩個。」

這段話描寫得太生動了。不過，我也曾在九龍彌敦道上的「北京酒樓」，嚐過用高筋麵製成的上好韭菜簍。其形貌應與「東興樓」所做的相彷彿，口味上想必差別有限，或許還有獨到之處。當晚大夥兒已食罷一席佳餚，但一看到這盤美味，依舊興緻高昂，紛紛攫取入口，個個大讚不已。有人意猶未盡，還連拿兩個哩！

●北京酒樓
地址：九龍彌敦道二二七號一樓
電話：（八五二）二七三〇一三一五

一包一餃兩樣情

再看那餅，外層黃白透明，裡頭竟是桔紅，很有意思。麒麟蒸餃更妙，入口腴而不膩，而且香氣四溢，感覺十分特別。

宋代的廚娘善於烹調，不但窮極工巧，而且花樣百出，實對中國廚藝的進步，有其不可磨滅的貢獻。她們之所以能如此精益求精，說穿了，不外「主治一藝，事簡乃精」。即以分工而言，極富貴的人家，切蔥都須專人，由是即可見其一斑。

到了明朝中葉，著名的雜學大師馮夢龍有天心血來潮，給家中的廚娘出個「難題」，即肉包子必須有蔥味，但不能見蔥。廚娘沉思一會兒，便開始動手製作。須臾，肉包子端出，他一嚐之下，果然只有蔥味卻不見蔥。馮十分好奇，問何以致此？廚娘揭開謎底，並不怎麼稀奇。原來她在包子上籠蒸前，先插根蔥在裡頭，待蒸好之後，即將蔥拔去，就這麼輕易地完成馮夢龍所交付的任務了。

無獨有偶。當清康熙在位時，有回他微服出訪，來到承德馬市街，肚子正咕嚕作響，瞥見了一家酒樓，乃信步走了進去，揀一僻靜處坐下。看了看牆上貼紙，隨即點了一道「隔山燜肉」，一張「駝油絲餅」和一大盤「麒麟蒸餃」。堂倌陸續端菜，康熙送口品享。那隔山燜肉的確好吃，第一口分明是羊肉，第二口卻變成豬肉，豈不怪哉！再看那餅，外層黃白透明，裡頭竟是桔紅，很有意思。麒麟蒸餃更妙，入口腴而不膩，而且香氣四溢，感覺十分特別。便喚堂倌過來，告以相當滿意。堂倌回道：「客官真是內行，您點的這三樣，全是咱家主人的祖傳絕活，人稱『塞外三鮮』哪！」

康熙話鋒一轉，指著盤中的蒸餃問道：「這餃子的滋味滿不錯的，但每個餃子為何都露出一段韭菜呢！」堂倌笑道：「普天下都賣蒸餃，惟獨本店的蒸餃餡為驢肉韭菜，入口爽滑不膩，回味醇厚無窮，這可是別家沒得比的。為示貨真價實，故意把韭菜露出一點兒，以此招徠食客。」康熙聽罷，哈哈大笑，說：「哪需費這麼大的勁，你們只要在門口拴頭驢子，並在牠的身上，貼張驢肉蒸餃的紙，不就得了。那豈不是比蒸餃裡露段韭菜更吸引人？」

堂倌一聽，覺得很有道理，乃向店主人反映。後來這酒樓果真在門口拴一頭肥驢，每當有人路過，堂倌就大聲吆喝：「驢肉肥！」於是人們給這酒樓起了個渾名，管它叫「驢肉肥」。由於這名號詼諧易記，從此之後，「驢肉肥」的「麒麟蒸餃」更加遠近馳名，竟使它成爲關外的老字號酒樓，經營長達兩世紀之久。

廚娘見招拆招，做出蔥味肉包，十足地有創意，驢肉肥則因「貴人」點撥，打出自己品牌，眞是無巧不成書。可見庖藝之道與行銷手法異曲而同工，取徑非一，耐人尋味。只要明白其中道理，必可使之相得益彰。

臨沂雞糝好滋味

嚴冬或春寒料峭的清晨，喝碗味美可口、營養豐富的雞糝，必能沁出細汗，全身暖和起來。如果食量甚宏，亦可取荷葉餅捲沾上甜麵醬的大蔥搭配而食。既祛寒，又耐饑，棒極了。

據說東晉大書法家王羲之在成名前，蟄居琅琊（即今山東臨沂）故里，認眞好學，苦讀不輟，每至夜半才休息。他的夫人怕他餓著，常做雞糝以進，當作宵夜來吃。這種齊東野語，因無信史佐證，權充故事聽聽，是當不得眞的。事實上，關於臨沂雞糝的歷史，目前是有三種說法，第一說是溯自唐代長安；第二說則是傳自宋代開封，更有人指證歷歷，指出其起源實爲河南的「蘇家糝湯」；第三說認爲這種用雞做成的肉末粥，在山東多見於魯西南的濟寧、魚臺和金鄉等地，約于二十世紀三〇年代引入省城濟南，而以臨沂的最爲著名，因而博得臨沂雞糝的令譽。

「糝」倒底是啥玩意兒？可是眾說紛云，其一爲它乃周天子的八珍之一，盛行於周代，依《禮記．內則》的記載：「糝，取牛、羊、豕之肉三合一，小切之與稻米、稻米二如一，合以爲餌，煎之。」意即將三等分的牛、羊、豬肉，分別切成肉末。稻米粉加水調和成乾濕粉，並摘成若干小胚，用手揿（即按）成薄餅狀。再用兩塊米餅坯裹包一份肉末做成餅，入油鍋煎熟即成。其二則是古時把糧食壓成顆粒狀稱爲糝，又可作茸解，如雞糝、魚糝，實際上就是雞茸、魚茸。此糝如加水熬製就成粥狀，當作粥解。換句話說，通稱的雞糝，就是雞肉末粥。

雞糝是淮北以北地區頗受歡迎的早餐粥品，在嚴冬或春寒料峭的清晨，喝碗味美可口、營養豐富的雞糝，必能沁出細汗，全身暖和起來。如果食量甚宏，亦可取荷葉餅捲沾上甜麵醬的大蔥搭配而食。既祛寒，又耐饑，棒極了。難怪趨之者若鶩，早上未啜此不歡。

據悉在臨沂已有數百年歷史的臨沂雞糝，現今最權威的製法，出自有五十餘年製糝經驗的大廚李連幣，依他老人家的介紹，雞糝必以多爲貴，不然會淡而無味。此法極費功夫，光是做一鍋（也叫一甑），其食材就包括老母雞十隻、麥仁一公斤半、麵粉五公斤、蔥五百克、薑一千克、五香麵十五克、醬油一千克、胡椒粉一公斤半、鹽二百五十克。另準備香油和醋二味，供食時澆拌自用。

而在煮糝時，先將鍋中之水加足，再放整治好的母雞，煮沸後加麥仁，熬煮三個多小時，把雞煮至熟爛。接著將雞撈出，隨即把蔥、薑（拍扁剁碎）、鹽、胡椒粉、五香麵、醬油調和均勻，倒入甑鍋燒沸，緊接著把調和好的麵粉倒入，燒沸後略滾，以木勺攪勻，即大功告成。而在臨吃之際，另把已撈出煮熟的雞，拆出，切絲，再將糝湯盛碗內，撒上雞肉絲，澆淋麻油和醋，攪勻即成。

成品噴香味醇，引人流連忘返，不吃就渾身乏勁。目前「臨沂那裡的百姓，不僅家家仿效熬製糝湯，而且逢節令佳期，人們還把它當成一種高貴的禮物而互相贈送」，十分熱門。此外，閣下如想變換口味，當地另有牛糝、羊糝、豬糝等供應，恐怕您一吃就上口，成爲食糝的常客哩！

世紀超級大拚盤

王維《輞川圖》「山谷鬱盤，雲水飛動，茂林修竹，奇石怪樹，庭園館舍，無一不精。」因此，想要用菜將該畫的意境表現出來，簡直是「難於上青天」。

日本及泰西諸國廚師，一向講究盤飾，形成所謂「盤文化」，風靡全球，不可一世。然而，若論起世界上冷盤菜的登峰造極之作，則是唐代一位法號梵正的尼姑，她苦心孤詣地仿造山水畫家王維所繪《輞川圖》（共二十景）畫面，以肉、魚、果、菜等拼製而成。由於選料多樣，葷素兼備，技藝超凡，難度奇高，絕對是一等一的偉構。即使它不見得是後無來者，但保證是前無古人。而這個大型組裝的花色拼盤菜，也因「人多愛玩」，終至於「不忍食」。

這組花式拼盤最令人驚艷處，在於「出奇思以盤飣，簇成山水，每器占《輞川圖》一景」（見明人李日華的《紫桃軒雜綴》）。由於王維晚年隱居藍田輞川，蓋了一個別墅，並按詩畫的意境，闢建華子岡、孔城坳、輞口莊、文杏館、斤竹嶺、木蘭柴、茱萸沜、宮槐陌、鹿柴、北垞、欹湖、臨湖亭、欒家沜、金屑、南垞、白石灘、竹里館、平夷塢、漆園、淑園等二十個景區。而他以此輞川二十景爲題材所繪製的《輞川圖》，更「寫盡人間山與川」，畫面豐富而生動。據《藍田縣志》的記載：此圖「山谷鬱盤，雲水飛動，茂林修竹，奇石怪樹，庭園館舍，無一不精。」因此，想要用菜將該畫的意境表現出來，簡直是「難於上青天」。

宋代的《清異錄》亦對此一別緻的奇菜多所著墨，謂：「比丘尼梵正，庖製精巧，用鮓、脯、鹽、

王維《輞川圖》，局部

醬、瓜、蔬，黃赤雜色，兜成景物，若坐及二十人，則人裝一景，合成『輞川圖小樣』。」她能將「輞川圖二十景」再現於花色冷盤之中，充分把繪畫藝術與烹飪技藝巧妙結合，實爲破天荒的創舉。而且這可不比繪畫，只消文房四寶，即可變化無窮。

又，梵正是用鮓（其食材有豬、魚、鵝及黃雀等）、𦞦、脯肉，以及一些醃、醬過的瓜、果、蔬菜作爲花色拼盤的原料，若無精湛的選料、切配、調味和造型技藝，即使勉強拼擺出來，也是雜亂無章。既然它是《輞川圖》的「小樣」，自然就得把別墅裡的樓台亭閣與山水橋樑等融入一體，一塊擺入盤中。而要如此呈現，更得掌握園林藝術的分合、高深、曲折、明暗、虛實等布局手法，倘無精妙構思，根本無法措辦。凡此種種，不正說明了在近千年之前，這名女廚師的藝術修爲和烹飪技巧，俱臻化境，已達到令人嘆爲觀止，委實不可思議的地步。

早在二十年前，西安市爲拓展觀光，其所推出的「仿唐菜」中，亦有這道「輞川小樣」的珍饈。所參考的藍本，乃陝西省藍田縣文化館保存宋人的石刻，再加以仿製擺設而成的。觀其所用的食材，爲熟醃肉、燒雞、滷香菇、蛋糕、鹽水花生、小黃瓜、核桃和皮蛋等物，不論質與量，都不是太高。我想它比起梵正眞正的原貌，恐怕還差得遠，尙有成長空間。

豆腐泥鰍萬箭穿

先在鍋內放板豆腐、冷水及理清肚腹的活淨泥鰍，然後升火，逐漸增溫。泥鰍一旦受熱，就往豆腐內鑽，猶似萬箭穿心。

日本卡通片《一休和尚》裡，曾有一休烹製泥鰍鑽豆腐這道菜爲他媽媽治病的鏡頭，看了著實感動，既佩服其孝心，也佩服其勇氣，膽敢燒這個菜。其實，此菜一直是中國傳統的鄉野菜，不論是粵菜、鄂菜、湘菜及黔菜等，都可見其蹤跡。只是在貴州當地，有個故事流傳下來，爲此菜平添一段傳奇色彩。

相傳清高宗乾隆年間，貴州銅仁市的嚴家，其主婦姜秀蓮有次正準備燒一方豆腐款待客人。不意來了些不速之客，好幾條泥鰍鑽入豆腐內，姜婦並未察覺，待整方豆腐燒好後，熱騰騰地端上桌來。客人享用之際，突聞「異」香撲鼻，順勢撥開一看，始知其中奧妙，吃得不亦樂乎。姜婦得此激勵，再經反覆研究，終於創製此一名菜，從銅仁而譽滿黔省，至今當地仍有一眾所周知的民謠：「黔東奇事不勝數，嚴家泥鰍鑽豆腐。」即爲明證。

本菜的主角泥鰍，原產於水田溝渠或小河裡，故在煮食前，應先將牠置於清水中，使體內所含之土質吐出，約需兩三天的功夫，且要常換清潔的水，等泥垢盡去，土腥味釋出，泥鰍也餓了，將牠們撈起，置鍋中備用。

又稱豆腐泥鰍的泥鰍鑽豆腐，依黔菜的做法，目前有混湯法及滑溜法兩種。前者先在鍋內放板豆腐、冷水及理清肚腹的活淨泥鰍，然後升火，逐漸增溫。泥鰍一旦受熱，就往豆腐內鑽，俟其完全熟透，傾去鍋內之水，添上些許茶油，煎至豆腐兩面呈金黃色，再傾入高湯及調料等，接著用文火慢燴即成。後者有人將預先做好的餡子放進鍋裡，餓極的泥鰍，一見香噴噴的餡子，爭相呑食。此時可用小火，徐徐增熱，等泥鰍把餡子食畢，鍋中已有相當熱度，適時將整塊板豆腐洗淨置於鍋中。而飽食的泥鰍，因受熱故，鬥志全失，看到冷的豆腐，群相鑽入其中。此時封嚴鍋蓋，一俟熟透，立即起鍋，淋些麻油，再灑蔥花與胡椒粉，即可食用。

此菜具有特殊的芳鮮，飄香四溢，雖然混湯及滑溜二者各具滋味，但均妙在爽滑適口，誘人食慾。只是其製作過程，頗不人道，且群入豆腐中，好像萬箭穿心，於是有人給他另取個有趣的名字，就叫「萬箭穿」。

泥鰍雖其貌不揚，但肉質細膩滑嫩，有極高的營養與保健價值。不僅維生素B5的含量在魚類中名列前茅，而且能治癒傳染性肝炎，並有抗衰老作用，同時牠補而能清，諸病不忌，乃肝病、糖尿病、泌尿系統疾病患者的食療上品。《本草綱目》一書指出：泥鰍能「暖中益氣，醒酒」，強調「陽事不起」，可煮食之。難怪有人因而產生聯想，特好泥鰍鑽豆腐了。

全聚德掛爐烤鴨

烤好的鴨，豐盈飽滿，色呈棗紅，皮脆肉嫩，鮮美酥香，肥而不膩，瘦而不柴。

幾年前，一度傳出「全聚德烤鴨店」要在台中開分店的消息，引起業界一陣騷動，最後雖然沒有成局，倒留下了不少話題。究竟此店有何魅力？能令業界沸沸揚揚。說穿了，不外它是當今烤鴨正宗，其滋味之美，據說會讓人有「不吃烤鴨眞遺憾」之歎，簡直可和「不登長城非好漢」相提並論。

當下的「全聚德」，創業於清同治三年。其時前門外的肉市胡同，本有一家名爲「德聚全」的乾鮮果舖，因經營不善而倒閉；原賣雞鴨的天津薊縣人楊壽山（字仁全）便頂下該舖，把原字號倒過來，易名爲「全聚德」，取其「以全聚德，財源茂盛」之意。主要經營烤鴨、燒爐肉等。後爲提升檔次，聘請在清宮御膳房「包哈（滿州話，意爲下酒）局」負責烤豬和烤鴨的孫師傅製作掛爐烤鴨，從此名震京城，吸引四方食客，繼而揚威海外，引起廣大迴響。

孫老師傅所製作的掛爐烤鴨，原是乾隆皇帝的最愛。他老人家不僅在宮裡，即使在下江南時的行宮內，亦備有烤爐，供其不時之需。此烤爐以磚砌成，灶爐前有拱門，灶裡三面都有灶架，將準備烤製的豬和鴨，掛入灶膛內的爐架上，隨後再用質地堅硬、烤時無煙的棗木、杏木等果木爲燃料。而在燒烤時，烤鴨師傅要用吊竿規律地移動鴨的位置，以便鴨子周身都能烤透。尤要注意的是，鴨子不能直接觸碰旺火，火大了鴨子全焦，火不夠鴨子不酥，須憑老到經驗，據說該店第三代的烤鴨大師，有著特一級廚師頭銜的張文藻，先後共烤了五十多年，閱歷豐富，只消看一看爐中鴨皮的變化，再掂一掂挑竿鴨身的重量，即知火候是否掌握得恰到好處。至於烤好的鴨，豐盈飽滿，色呈棗紅，皮脆肉嫩，鮮美酥香，肥而不膩，瘦而不柴。由於滋味著實不凡，一九八八年時，還獲得中共商量部飲食業優質產品「金鼎獎」哩！

吃掛爐烤鴨，通常用荷葉薄餅（老北京人稱之爲「片兒餑餑」），捲鴨肉、大蔥、甜麵醬而食。這種吃法，事出有因。據說出身貧苦，爲人善良、正直的楊壽山在主理店務時，看到達官貴人、富商巨賈們窮奢極侈，揮金如土。每吃罷筵席後（當時不僅壽辰贈饋，酒席宴客必備烤鴨，所謂「筵席者必有填鴨，一鴨值一兩餘」，即是指此），便用一種發麵製成、狀呈六瓣的荷葉餅，拭去嘴邊油膩，然後隨手扔掉，心中很是憤慨。曾對店裡的人提起：「咱們『全聚德』可不能讓客人們幹這種缺德事。」後來定下規矩，店裡不做發麵主食。想吃烤鴨，須用荷葉餅捲進鴨肉而食。同時，凡在這裡吃烤鴨者，不管是誰，身分地位有多高，一律得自己動手捲食。然而，此說是否可靠，且由諸君自由心證了。

總之，「京師美饌，莫妙於鴨，而炙者尤美」。它是否對您脾胃，得親自試味才行。可惜當下在台北，賣北京烤鴨的店家雖多，但就燒烤、片皮等總體技藝觀之，稱得上夠水準的，居然找不到一家。每屆秋風起兮，身子帶還涼意，想要吃個烤鴨，還眞無處下筯。

全聚德的全鴨席

鴨包魚翅、烤大肥鴨、菜花鴨、茄汁鴨、花蛋鴨脬、松子鴨羹湯、竹蓀美味鴨、瓢兒鴨腰、人蔘鴨、美味鴨胰、桂花鴨脯、蜜製鴨肉……

近嚐號稱「國宴規格」的全聚德鴨膳套餐，心中感觸良多。想當年楊壽山開創「全聚德」時，爲了與雄霸北京的「便宜坊」互爭短長，除了改用清宮的明爐（掛爐）烤鴨以對抗傳自明宮廷的燜爐（暗爐）烤鴨外，更在搭配上動腦筋，伴以鴨油熘黃菜（以蛋黃製作），鴨絲烹掐菜（即去頭尾的綠豆芽），鴨架子加冬瓜或白菜，所熬成的糟鴨骨湯，合成「一鴨四吃」，吸引不少饕客。隨著經驗累積，不斷推陳出新，廚師們遂將烤鴨前從鴨身上取下的鴨翅、鴨掌、鴨血、鴨雜碎、鴨下水等，陸續製成紅燒鴨舌、燴鴨腰、燴鴨胰、燴鴨雜（鴨血）、炒鴨腸、糟鴨片、伴鴨掌等菜餚，名之爲「全鴨菜」，很受食客們歡迎。

其實，號稱「鴨饌甲天下」的金陵（南京），於二十世紀三〇年代時，便推出膾炙人口的「全鴨席」，流風所及，現仍可在南京覓其蹤跡。此席的菜單，一概以鴨爲主，琳瑯滿目，美不勝收。現抄錄如后——

四鮮水果。四雙拼：鹽水鴨，滷鴨肫；燙鴨肝，陳皮鴨；鴨蛋鬆，酥鴨條；腐乳鴨，咖哩鴨舌。

四時炒：料燒鴨；掌上明珠；爆炒玲瓏；裹炸鴨。

六大：鴨包魚翅；烤大肥鴨；菜花鴨；茄汁鴨；花蛋鴨脬（即膀胱，俗名小肚）；松子鴨羹湯。

六小：竹蓀美味鴨；瓢兒鴨腰；人蔘鴨；美味鴨胰；桂花鴨脯；蜜製鴨肉。

點心：鴨肉四喜餃；棗泥鴨蓉餅。

「全聚德」的全鴨席起步較遲，直到二十世紀五〇年代初才現端倪。後經名廚蔡啓厚、王春隆、王學升、王明禮、陳守斌等，在原先幾十個全鴨菜品的基礎上，勇於改革創新，在精益求精下，終於研製出以鴨子爲主食材，加上山珍海味的「全鴨席」。

目前「全聚德」的全鴨席，共有一百多種冷熱菜餚可供選擇。其上菜程序，一般是先上下酒的冷碟，如芥末拌鴨掌、醬鴨膀、滷鴨胗、鹽水鴨肝、水晶鴨舌、五香鴨等。接著上四個大菜，如鴨包魚翅、鴨蓉鮑魚盒、珠聯鴨脯、北京鴨卷等。再來上四個炒菜，如清炒胗肝、糟熘鴨三白、火燎鴨心、芫爆鴨胰之類。隨後上一個燴菜，如燴鴨四寶（即胰、舌、掌、腰）、燴鴨舌等可供選擇。緊接著上一個素菜，如鴨汁雙菜、翡翠絲瓜之類；而上素菜的目的，在於清口，爲品嚐烤鴨作準備。待服務人員端上烤鴨、給客人過目後，當場片鴨給顧客享用。食罷烤鴨，再上一個湯菜，通常是鴨骨奶湯；一個甜菜，如拔絲蘋果之類；幾疊精美細點，如鴨子酥、口蘑鴨丁包、鴨絲春捲、盤絲鴨油餅等；以及小米粥。最後則上水果。全鴨席至此結束。

這全鴨席的份量，著實可觀。胃納小的，無從下箸，於是另外供應套餐。此一名人套餐的內容，有美國總統老布希嚐過的滿罈香（內有鮑魚、海參、魚肚、裙邊、干貝及鴨肉等）、油燜大蝦，英國首相奚斯品嚐的香糟鱘魚片及德國總理柯爾國宴菜單的芙蓉鱘骨鴨舌，感覺名堂甚多，然而，踵事增華，失其本旨。畢竟以鴨爲範疇，才是眞的全鴨席，名副其實，美不勝收。

「京中第一」便宜坊

便宜坊的烤鴨技術，乃出自明宮廷的燜鴨爐，其法爲用磚堆砌起爐子，砌磚講究上三、下四、中七層，不見明火，全仗爐牆的溫度將鴨子烘熟。

提起北京烤鴨，今人只知有「全聚德」，殊不知早在其二百多年前，北京的「便宜坊」便以烤鴨聞名，並且博得「京中第一」的封號，其盛譽至今不衰。

北京第一家「便宜坊」，創辦於明成祖永樂十四年，地點在宣武門外菜市口米市胡同，由來自山東榮城縣的幾位老客開業。開業之初，店面很小，亦無字號，專爲大戶們宰殺雞鴨加工，也做些燜爐烤鴨和桶子雞（即鍋燒雞，疑爲「童子雞」之誤）的生意。日子久了，人們逕稱它爲「便宜坊」，遂以此爲店名。到了光緒末年，孫子久

（一稱之玖）接手舖面，他有經濟頭腦，立即擴大營業，既重視提高質量，又繼續在便宜上下功夫，因而遠近馳名。

又，早在孫繼承之前，「便宜坊」已是響噹噹的老字號，盛名之下，利所共趨，於是許多商人便以「便宜坊」、「便易坊」為店號，開設了不少家冒名店，首家出現有清咸豐五年，一王姓古玩商在前門鮮魚口開設的「便意坊」，此即《都門紀略》所說的「南爐烤鴨店」。此後以「便宜坊」為店名者，紛紛在李鐵拐斜街，前門外的觀音寺、北安門外大街、西單、東安門、花市夾道子、搶飯寺東口等處開設烤鴨店，其數不下二十家。只是它們店門甚小，而且不設堂座，純供外賣。這情形，恰似台北縣、市十餘年前隨處可見的烤鴨三吃店，蔚成食林奇觀。

基於此，孫某經營的「便宜坊」（前後共七個院子，五個接待賓客，一個自用，另一個專門用來養鴨、塡鴨），為了表明正宗地位，便加一「老」字，成為「老便宜坊」、並張掛明、清兩代的名人如吳可讀、楊椒山、戚繼光、劉石庵等人的屛聯條幅，以示貴重。流風所及，「遜清老京官，每宴封疆大吏，會試主考，非此地方不為恭敬。」

便宜坊的烤鴨技術，乃出自明宮廷的燜鴨爐（一名暗爐），其法為用磚堆砌起爐子，砌磚講究上三、下四、中七層。而以燜爐烤的特點，是鴨子不見明火。正因純用暗火（用秫秸當燃料，將爐牆燒至適當溫度後，將火熄滅，全仗爐牆的溫度將鴨子烘熟），所以掌爐的師傅，務必要掌握好爐內溫度，一旦燒過了頭，鴨子會被烤糊，食來不是味兒。且在燒烤的過程中，砌爐的溫度由高而低，緩緩下降，在文火不烈及受熱均勻下，油的流失量小，故成品外皮油亮酥脆，肉質鮮嫩，肥瘦適中，不柴不膩。即使一咬汁流，也因恰到好處，特別誘人饞涎。

品嚐燜爐鴨，最宜金華酒，即所謂「南酒」。此法出自《金瓶梅》，再由曹雪芹發揚光大。據說他閒居北京西郊撰寫《石頭記》（即《紅樓夢》）時，有人按捺不住，想要先睹爲快，便開玩笑地說：「若有人欲快讀我書不難，唯以南酒、燒鴨饗我，我即爲之作書。」沒想到時至今日，燜爐鴨因操作不易，且不符經濟效益，已爲明爐或電爐所取代，曹公若生今世，理應不勝唏噓。

目前的「老便宜坊」已不存在，僅前門外鮮魚口胡同的「便宜坊」及設於崇文門的新店尙存，二者統稱爲「便宜坊烤鴨店」，仍以燜爐鴨的形式繼續經營。諸君想嚐有別於「全聚德」的明爐鴨，宜來此大快朵頤。

●便宜坊烤鴨店
地址：北京市崇文區崇文門外大街甲二號
電話：（○一○）六七一一二二四四

一種潘魚兩食方

這道菜主要在喝湯，卻不是吃肉。在湯裡添加蝦米、鮮筍、冬菇等配料，改用大火蒸，湯呈淡紅色，味清而美，鮮甘可口。

潘魚和西湖醋魚一樣，身世撲朔迷離，讓人難窺究竟。幸好它這兩種主要吃法，都是出自中國北方，免得探討起來，非但風馬牛不相及，而且張冠李戴，毫無交集。

第一說主張潘魚的發明人是清代蘇州人潘祖蔭。他出身官宦世家，祖父爲大學士潘世恩。清文宗咸豐年間，考中一甲三名進士（即探花），授編修，遷侍讀。入值南書房，累遷至大理寺卿，卒贈太子太傅。平生興趣廣泛，「嗜學，通經史，好收藏，儲金石甚富」，一向是北京名館「廣和居」的常客，經常在此詩酒應酬及品享美食。

一日，潘氏突發奇想，認爲由魚、羊二字併成的鮮字，如各取其肉合烹，滋味應極爲鮮美。便先把羊肉熬湯，接著與活鯉魚同燉，使湯中盡融其鮮，試嚐之後，果然滋味不凡，乃將此法傳授給「廣和居」的牟師傅。經牟師傅再三研究改進，味道更爲鮮美，遂成鎮店之寶。起初並無菜名，飯店爲廣招徠，乾脆稱它「潘魚」。

第二說認爲潘魚即天津所謂的醋椒魚湯，因出自當地某個潘公館而得名。其法爲將鯉全魚或者魚中段略煎，即放大湯滾煮，煮至湯呈乳白色，再加鹽、醋、胡椒粉，上桌之前，加大量的細切芫荽、青蒜等等。湯鮮而酸辣，另有風味。

第三說出自汪曾祺和周紹良等學者、作家。居然誤認潘魚是由潘祖蔭所創製的醋椒魚，不倫不類，莫此爲甚。

第四說來自《舊京瑣記》，謂此魚由潘炳年創製。經查此說並不可靠，應以第一說爲是。

早在一甲子之前，以研究「老北京的生活」而聞名的報人金受申先生，就曾述及潘魚的美味，指出：「用整尾鯉魚折成兩段，蒸成之後，煎以清湯，湯如高湯色，並不加其他作料。魚皮光整，折口彷彿可以密合，但魚肉極爛，湯極鮮美。……吃到嘴裡，清淡鮮美，軟嫩無比。」

比較起來，金先生顯然還不夠專業，再早個三十年，對北京飲食的品味和堅持，堪稱一時無兩的楊度（即「籌安會」六君子之一），曾食遍北京的名館名樓，所著的《都門飲食瑣記》，凡十八篇，爲中國飲食史留下非常寶貴的資料，稱得上言人所未言，知人所未知。他老兄在撰寫「廣和居」時，即記載著：它位於「南半截胡同，離市極遠，而生涯不惡，因屢經士大夫之指導品題，遂有數種特別之菜，膾炙人口。『潘魚』以湯勝，……」實已點明這道菜主要在喝湯，卻不是吃肉。而牟師傅稍變之法，則是在湯裡添加蝦米、鮮筍、冬菇等配料，改用大火蒸，湯呈淡紅色。味清而美，鮮甘可口，終成爲該館筵席中最後上桌的壓軸之作。

自北京八大居之首的「廣和居」歇業後，部分股東在原址另開設「同和居」，繼續經營，潘魚仍是叫座好菜。只是在創意掛帥下，易羊肉爲牛肉或雞肉，鯉魚亦改爲鯽魚或鱖魚，搭配雖多變，但原旨全失。潘祖蔭地下有知，可能會啼笑皆非。

卓別林愛香酥鴨

卓別林食罷想與燒此鴨的主廚相見，當製饌的大廚范俊康來到他面前時，他即表示：「我將來要到北京向您專門學做香酥鴨。」

香酥鴨原本是一道平民佳餚，但因有名人加持，一下子水漲船高，成爲舉世知名的頂級珍饈。

默劇大師卓別林出身貧寒，思想前進，他所演的電影中，或撻伐法西斯主義，或譏諷資本主義，處處流露出對弱勢者的關愛，博得世人一致的崇敬，其名作有《大獨裁者》、《摩登時代》、《淘金記》等多種。由於搞笑的功力一流，加上眞情流露其中，因而博得「喜劇泰斗」的稱號。

一九三六年，卓氏曾訪問上海，既觀賞京劇名伶馬連良的戲，也出席了上海電影界爲他舉辦的歡迎會，對中國留下深刻而美好的印象，一直念念不忘。

一九五四年召開的日內瓦會議，旨在討論和平解決韓（朝鮮）、越（印度支那）兩國的情勢，與會者有美、英、法、中、蘇、韓、越等國的元首或主事者。中國由總理周恩來代表參加，待各方達成協議之際，他便廣發邀請函，請有關的各國政要及社會名流吃飯，其時寓居日內瓦的卓別林，不怕被輿論扣上「同情共產主義」的紅帽，欣然赴會。且因此而造就了一段飲食奇緣。

周、卓二人一見如故。卓別林提起他早年的上海之行，周恩來則聊起他當年「長征」的種種際遇，兩人邊暢飲茅台酒，邊品嚐香酥鴨，氣氛融洽到了極點。待食畢香酥鴨後，卓別林讚不絕口，譽之爲「終身難忘的美味」，並要求帶隻燒好的鴨子回去，給親友們品嚐。周恩來慨然允諾。卓別林又說想與燒此鴨的主廚相見，當製饌的大廚范俊康來到他面前時，他即表示：「我將來要到北京向您專門學做香酥鴨。」引起賓主哄堂大笑，從此傳爲食林佳話。

特級烹調技師范俊康，乃四川省成都市人，早年在成都「福華園」學藝，滿師後即赴重慶，在國民政府的軍政要員家中事廚。烹調技藝一流，以燒、烤見長，能烹製上千種精美菜點，其拿手菜有燒牛頭、燒牛蹄尖、軟燒鴨子、口袋豆腐等。中共建國後，將他調至「北京飯店」服務，成爲操辦「國宴」的烹飪大師。

燒這道香酥鴨，對范俊康來說，只是小露身手。他先把肥鴨用鹽醃製兩個小時，撈出瀝乾，接著用砂仁、荳蔻、花椒、丁香、蔥、薑、紹興酒等調料與鴨子同蒸，出籠後再用原汁滷過，使味透鴨肉內，然後下油鍋翻炸成金黃色即成。其特色爲皮酥肉嫩噴香，只要提起用手一抖，鴨肉就會脫骨而下，食時搭配白乾，好到無以復加。

諸君如有心學做，可參考林文月著作的《飲膳札記》一書，書中記載香酥鴨的製法甚爲周詳，依式而爲，必成佳饌。

台灣早年的辦桌及餐館內，經常可吃到香酥鴨一味，可惜製作費時，又賣不起高價，不符成本效益，早已不見蹤跡。記得我約十年前，最後一次在台北市杭州南路一段巷內的福州菜館「陳家發」（現已歇業）嚐過，但覺其味甚美，無奈現在即使在那兒也吃不到了，令人好生惆悵。

郁達夫喜西施舌

郁達夫認爲，西施舌「色白而腴，味脆且鮮，以雞湯煮得適宜，長圓的蚌肉，實是色香味形俱佳的神品。」

郁達夫不僅以文學著稱，而且是個名副其實的美食家。他本人的食量和酒量均大，每餐除可吃斤把重的鱉（即水魚）或整隻童子雞外，還可飲一斤紹興酒或一瓶白蘭地。早先愛吃水魚燉火腿、炒鱔絲等菜色。等到他因緣際會來到福州後，眼界一開，胃口亦變，對福建的佳餚讚譽有加，並寫下了膾炙人口的〈飲食男女在福州〉一文，允稱食林盛事。

當時的福建一地，確實得天獨厚，全省東南臨海、西北多山，因而山珍海味全都賤如泥沙。而沿海的居民，不必憂慮飢餓，等到退潮時分，只消去海濱走走，便可拾回一籃海貨充當食品。而在福建眾多的海味中，郁達夫提到了西施舌、蠣房、江瑤柱和蟳。其中的西施舌是一種海蚌，乃福建長樂的特產，其殼大而薄，略呈橢圓形，「水管特長而色白，常伸出殼外，其狀如舌，故名西施舌」。

郁達夫

早在南宋時，本名「沙蛤」、「車蛤」，統稱「蛤蜊」的西施舌，就是饕客眼中的珍品，例如胡仔《苕溪漁隱叢話》中引《詩說雋永》指出：「福州嶺口有蛤屬，號西施舌，極甘脆。其出時天氣正熱，不可致遠。呂有仁有詩云：『海上凡魚不識名，百千生命一杯羹，無端更號西施舌，重與兒童起妄情。』」而這位江西派的詩人，在品嚐西施舌羹時，居然也同年輕人般，對傾國佳人西施動了妄情，竟將「飲食男女」的特色，發揮得淋漓盡致，顯然得「色·戒」一番，以正其癡心妄想。

到了明代，西施舌仍受文士們推崇，像屠本畯的《閩中海錯疏》便云：「沙蛤上肉也，……似蛤蜊而長大，有舌白色，名西施舌，味佳。」而且點出其美在舌。王世懋的《閩部疏》亦云：「海錯出東四郡者，以西施舌爲第一。」此外，周亮工的《閩小紀》亦表明：「閩中海錯西施舌，以色勝香勝。」顯然肉質清脆、滑嫩、鮮美的西施舌，已被譽爲一等一的美味。但它被引進香港後，卻另改名「桂花蚌」了。

郁達夫認爲，西施舌「色白而腴，味脆且鮮，以雞湯煮得適宜，長圓的蚌肉，實是色香味形俱佳的神品」。而此吃法，稱之爲「雞湯海蚌」，乃福州老店「聚豐園」的名菜，以色澤白而透明，肉質細嫩、滋味極鮮著稱。

台灣的西施舌，主產於鹿港一帶海域，俗稱「西刀貝」或「西刀舌」，是當地一道名貴的海味，吃法主要有冰鎮生食、五味、糖醋、爆炒、煮薑絲湯、煮桂花湯及清蒸等多種，頗富變化；大小則以一斤二十三粒最佳，也最搶手。

又「清湯鮮炒俱佳品」的西施舌，郁達夫曾在剛上市時，既紅燒又白煮，一次吃盡幾百個。他還很自豪的說：「總算也是此生的豪舉，特筆記此，聊志口福。」口福如此之好，卻故作惺惺態，眞個氣煞人也。

蝦籽大烏參軼事

色澤烏光油亮，肉質軟糯酥爛，滋味香鮮味濃，挾起仍在抖動，入口軟腴立化。「不能用筷子，要使羹匙，像吃八寶飯似的，一匙匙的挑取。」

化腐朽爲神奇，是大廚的手段；而爲滯銷貨打開通路，則是生意人的高明處。兩者一旦緊密結合，必然可成就上好佳餚，也爲食林平添趣事，讓食客們津津樂道。

海參是中國有名的乾貨，名列「海味八珍」之一。它雖爲滿漢全席不可或缺的台柱，卻不見得人人都能接受，像精通美食、享盡珍饈的老佛爺就不怎麼愛吃。據德齡郡主所寫《御香縹緲錄》上記載：慈禧太后對於各種海菜，「尤其不喜歡那海參。……牠的形狀更是醜惡不堪，但一般人都說牠有滋補的功用。因此，也得濫竽在那些眞正的美味裡頭。」其言下之意，海參竟因滋補性強，才得以充數「御」膳之中。

上海人原本也對海參興趣缺缺，一直乏人問津。直到二十世紀三〇年代末期，由於商人的靈感，才出現了新契機。話說起初位在十六鋪洋行街的南北貨店，因海參難銷，傷透了腦筋。於是「義昌」和「六豐」這兩家海味行的老闆，便向擅燒本幫菜的「德興館」情商，願意免費供應，讓其試製菜餚。該館的大廚蔡福生和楊和生在幾經試驗後，推出紅燒大烏應市，居然大受食客歡迎。楊和生受激勵下，更加精益求精，遂使這道菜的味道，更上層樓，尤勝於昔。知味識味之士，無不趨之若鶩，馬上風靡十里洋場，成為滬菜經典美味。

自楊和生去世後，在其傳人中，以李伯榮最擅長製作此菜。曾於一九八三年中國名廚師表演鑑定會上，當眾露了一手，博得個滿堂采。此菜至今仍盛名不衰，播譽海內外近百年之久。

烹製蝦籽大烏參時，需將先行漲發的大烏參（以梅花參和烏乳參最佳）在油鍋裡炸，瀝盡油後，添入紹興酒、醬油、白糖、高湯等，並將蝦籽均勻地撒在大烏參表面，接著旺火燒開，隨即添入碗內。上籠蒸半小時，等到酥軟取出，放在砂鍋之內，傾入紅燒肉汁，俟其濃稠收乾，再淋蔥油拌勻，撒上蔥段即成。成品色澤烏光油亮，肉質軟糯酥爛，滋味香鮮味濃，挾起仍在抖動，入口軟腴立化。梁實秋認為「我們品嚐美味，有時兼顧觸覺」，此菜吃在嘴裡，「有軟滑細膩的感覺，不是一味的爛，而是保有一點酥脆的味道」。至於其食法，則是「不能用筷子，要使羹匙，像吃八寶飯似的，一匙匙的挑取」。旨哉斯言，敘述入木三分，而且絲絲入扣。

海參平淡無味，全賴其他輔料提味。故燒蝦籽大烏參時，蝦子須猛下料，絕不可省著點用。唯有如此，才能品嚐到其特異不凡的好滋味。其餘味繞唇齒間，久久不能散，用此配老酒，眞是好搭檔。

近些年來，由於大陸經濟起飛極速，在飲食上，更是「大國崛起」。上好的乾貨，如海參、魚肚、乾鮑、魚翅、蝦籽等，紛紛銷往上海等大都會，台灣在貨源短缺下，想嚐到夠味的蝦籽大烏參，簡直緣木求魚。遙想十餘年前，「上海四五六菜館」的蝦籽大烏參，烹調得法，何其美味，現也只能徒託懷想而已。

●上海四五六菜館
地址：台北市仁愛路四段一一二巷十七號
電話：（〇二）二七〇九五三三五

台灣火鍋最多元

屏東的「川園」、豐原的「廣東汕頭牛肉店」、高雄的「牛老大」、台中的「汕頭牛肉劉沙茶爐」等，均是其中的佼佼者。

而今在台灣，最具指標性的餚點，像牛肉麵、水餃、鍋貼、炒飯等，都是大家耳熟能詳的，大街小巷，隨處可見。

除了上述之外，火鍋近年來尤其火紅，已在台灣大行其道，且有後來居上之勢。其地域不分城鄉或本島、離島，其素材不拘葷素，種類不管本土、外來，做法則帶湯汁多或偏乾俱全。總之，百花齊放，萬家爭鳴，不論在嚴寒時節或炎炎夏日，好此道者，大有人在。

在品類如此之盛的台灣火鍋裡，堪稱最具本土特色的，乃源自福建連城一帶的「涮九門頭」，由於此鍋以米酒作底，故一名「米酒涮牛肉」。其主料爲牛裡脊和牛的舌、肝、腰、心、脾、肚（包括百葉肚、草肚壁、肚尖、蜂肚頭），於整治乾淨後，分別將肉切成片，其他則切成塊、片或條。接著用火鍋將鮮牛肉及陳皮、薑片、香藤根、花椒、山奈（即沙薑）、料酒等煮成湯頭；在湯沸滾後，再以自助方式，隨己意下主料，邊涮或燙，邊蘸著鹽酒（註：現改成沙茶醬）等調味料吃。正因肉香、酒香交融，特別誘人饞涎，是以逢年過節時，親友團聚必少不了這鍋美味。

此類的鮮牛肉鍋（爐），我吃過不少。像屏東的「川園」、豐原的「廣東汕頭牛肉店」、高雄的「牛老大」、台中的「汕頭牛肉劉沙茶爐」等，均是其中的佼佼者。我特愛夏日搭配啤酒，冬天就著白乾，順喉咕嚕而下，倍感愜意暢懷。

一甲子前，大陸各地的火鍋，在台灣如火如荼的開展，早已與人們的飲食結爲一體，像魚頭火鍋、涮羊肉、酸菜火鍋、毛肚（麻辣）火鍋、鴛鴦火鍋、羊肉爐、什錦火鍋、一品鍋等，群鍋並起，大放異彩。稍後則有瑞士的巧克力鍋及油炸鍋穿插其間，滋味更加多元，好不熱鬧。

近年來，在日本綜藝節目及韓劇的推波助瀾下，東瀛與朝鮮的火鍋亦大舉進軍寶島，從早期的關東煮、涮涮鍋、壽喜燒開始，紙鍋、味增火鍋、千里鍋、力士鍋、石頭火鍋、泡菜鍋、石狩鍋、海帶鍋、牛奶鍋等，都曾現蹤或流行，如說台灣是火鍋的天堂，「四時從用，無所不宜」，倒是挺吻合實情的。

這陣子，我也隨波逐流，喜歡吃涮涮鍋，尤其是台北臨沂街「鍋膳」的霜降牛肉鍋，該店的牛肉油花細密，肉甘質嫩，一涮即熟，特別好吃。有時興起，自涮自食自開懷，連吃上兩三盤，樂即在其中矣。

●鍋膳
地址：台北市臨沂街二十七巷九之三號
電話：（〇二）二三二二二四二五

●廣東汕頭牛肉店
地址：台中縣豐原市圓環西路二二二號
電話：（〇四）二五二三一三二四

●汕頭牛肉劉沙茶爐
地址：台中市中區中正路四十三巷五號
電話：（〇四）二二二二八八〇九

●川園牛肉爐
地址：屏東縣屏東市迪化二街八十六號
電話：（〇八）七六五六二一九

●牛老大涮牛肉（總店）
地址：高雄市前金區自強二路十八號
電話：（〇七）二八一九一九六

羊肉配白酒絕妙

在享用涮羊肉、白煮羊肉時，爲得其至味，非陳高莫屬；而在吃羊肉爐這等重口味時，就得用新酒，越喝越來勁；至於食羊小排時，欲提振其滋味，則非二鍋頭不可。

我愛吃羊肉，倒不見得是「羊大爲美」（見王安石《字說》），而是因爲羊肉眞的很美味，不僅烹飪手法多元，同時滋味無一不美，搭配著白酒吃，更能顯其風采。當然啦！這裡所謂的白酒，是指高粱酒，尤其是產自金門的高粱酒。不過，酒雖同樣產自金門，但在與羊肉料理的互動上，卻有明顯區隔，如果不明究裡，便像喬太守亂點鴛鴦一樣，非但吃不出其中的深奧之處，而且喝不出個所以然來。

就我個人多年的經驗，在享用涮羊肉、白煮羊肉時，爲得其至味，非陳高莫屬；而在吃羊肉爐這等重口味時，就得用新酒，越喝越來勁；至於食羊小排時，欲提振其滋味，則非二鍋頭不可。

一提起涮羊肉，有些人便會說此法創自元世祖忽必烈的廚師，乃軍中應急而食的美味。事實上，這等野史本不足採信。早在南宋時，林洪《山家清供》一書內，便載有此味，指出：他有年赴武夷六曲（即仙掌峰），拜訪止止師，正巧天下雪，捕得一野兔，找不到廚師燒。止止師便以山家的吃法待客，先把兔肉薄批成片，用酒、醬、花椒略浸，再將風爐放在桌上，燒上半鍋水，等水沸騰後，分筷給食者，讓他們夾起肉片在滾水中反覆燙熟，享用之際，再按各人的口味蘸上佐料。由於這個吃法簡便易行，還會造成一種團聚歡樂的氛圍，同時這種名爲「撥霞供」的吃法，除兔肉外，另可用豬、羊肉替代。林洪日後憶起此段往事，其詩內尚有「醉憶山中味」之句，可見當時他吃涮羊肉時，鐵定喝了不少酒。

白煮羊肉除塞外的極品外，以潮州的板羊肉和西安的水盆羊肉最負盛名。後者曾得慈禧太后的誇獎，賜名「美而美」，又此肉多在農曆六月上市，故又名「六月鮮」。我曾在永和的「上海小館」吃過以羊腿製作者，皮爽肉腴，十分好吃。前者則在「萬有全」嚐過田老闆親露一手的上品，肥而不膩，爛而滑嫩，相當中吃。而欲盡其妙，首推「陳高」。

羊肉爐目下在台灣，四時有售，不僅補冬而已。有加中藥及添時蔬者，味道多元，耐人尋味。在我所吃過的千百爐中，必以新店阿土伯所烹製的最佳，湯醇厚而味爽，皮帶勁且肉嫩，深得正宗陝味的精髓，如想多吸收膠原蛋白，還能另添鞭與春子，爽脆堪嚼，風味亦美。此際不需陳高，以三年內新出品的金門高粱酒佐飲，飆洌帶勁，互相烘托，順喉而下，眞個是「飽得自家君莫管」，可以逍遙自在又快活。

至於紐西蘭進口的羊小排，已在台灣大行其道，中西餐皆可見其芳蹤，可惜做得好的店家不多。新店的阿土伯亦精通烹製羊小排，不論是紅燒的，抑或是酥炸的，都能入味。肉則或嫩或香，頗有可觀之處。如搭配口感溫和不刺激，帶有淡淡清香的二鍋頭，保證相得益彰，引人不盡遐思。

總之，閣下在品享風味多變的羊料理時，把盞的佳釀，除了高粱酒，還是高粱酒，只是陳新有別，釀法稍異罷了。

●上海小館
地址：台北縣永和市文化路九十巷十四號
電話：（〇二）二九二九四一〇一

●阿土羊肉
地址：台北縣新店市建國路一九四號
電話：〇九一〇三二七三四一

蘿蔔干貝珠傳奇

蘿蔔皆做成小球狀，環繞大白瓷盤一圈，嫩豆苗上襯映干貝，粒粒圓滿，端的是白、黃、綠相關，湯鮮料足，美不勝收。

一道菜要能遠近馳名、影響深遠，除了有其卓爾不群的滋味外，還得有一段非比尋常的際遇。清煨蘿蔔干貝珠得以走紅兩岸，實與國父孫中山先生有關。

民國十三年冬，段祺瑞邀請孫北上共商國事，中山先生扶病抵天津時，張大帥、少帥父子在其行轅（即曹家花園）設晚宴款待。爲了籌措這席珍饈，張作霖和張學良可是煞費苦心，委由張大帥次子張學銘操辦。

張學銘是個飲饌名家，有人形容他是「美學字典」，他不僅知道北京、天津各大餐館的招牌菜，還清楚那些大師傅的拿手菜，至於大帥府的十三名廚師，手藝各有短長，他更是瞭若指掌，從容指揮若定。

爲了提調此筵，大帥府出動首席大廚趙連璧，專從瀋陽南下，另在北京請來宮廷廚師王老相及辮帥張勛的家廚周師傅等助陣，陣容十分浩大。

鑑於孫先生是南方人，菜單設計偏重海味。先上的四冷盤分別是生菜龍蝦、蘆筍鮑魚、清蒸鹿尾、火腿松花。大菜則爲一品燕菜、冬筍雞塊、清湯銀耳、白扒魚翅、蝦仁海參、清蒸鰣魚、清煨蘿蔔珠、鴿蛋時蔬、燒鴨腰及蟹黃豆腐等。又，此宴主人是張作霖，張學良以少主人身分陪席，座上嘉賓尚有馮玉祥等人。

這個晚宴甚得中山先生之歡心，一再稱讚好菜，廚藝一流。他特別欣賞的是清煨蘿蔔干貝珠，說它既好看又中吃，清淡可口。孫的家廚杜子釗還特地學會此一來自山東的佳餚。

台灣光復初期，陳天來在台北圓環開設「蓬萊閣酒家」，禮聘杜子釗掌廚，供應閩、粵、川三省筵席。等到政府退守台澎金馬，各省名廚齊聚寶島，這種混省菜不再吃香，追隨杜師傅的年輕一代廚師，因手藝不夠道地，只能混跡酒家，自行改頭換面爲「酒家菜」（即新台菜），延續其香火。原來的清煨蘿蔔干貝珠，亦改名成干貝蘿蔔球，製作手法雷同，均以上湯煨透，清潤甘鮮，是消積去膩的神品。

我曾在永和的「上海小館」品享過干貝蘿蔔球，蘿蔔皆做成小球狀，環繞大白瓷盤一圈，嫩豆苗上襯映干貝，粒粒圓滿，端的是白、黃、綠相關，湯鮮料足，美不勝收。幾年前，又在台北市中山區的「食方」（搬遷至宜蘭三星鄉改名「春米部落」）食此一珍味，其法爲蘿蔔中段削皮切邊，正中嵌入干貝，以旺火蒸透。其色相之美，無與倫比。

而在當下這個凡事講求本土化的時代，閣下在老式台菜餐廳或辦桌時享用干貝蘿蔔珠（球），如逢有人暢言此乃「正宗」台菜，並吹噓其美味之際，您或發出會心一笑，或述其起始本末，皆無不可。畢竟，這道由平凡食材所融鑄的絕味，它本身即富傳奇色彩，深植人心，長長久久。

●上海小館
地址：台北縣永和市文化路九十巷十四號
電話：（〇二）二九二九四一〇一

曹雪芹「老蚌懷珠」

魚選尼羅河紅魚，不去頭尾，以瓠瓜絲縛定，腹內塞滿蛋清及魚肉打成的魚丸。蒸透上桌後，剪斷瓠瓜絲，魚腹即開啓，魚丸歷歷可數，鮮活生動，味極適口。

《紅樓夢》的作者名曹霑，號雪芹，是位在中國文學史上響噹噹的人物。他不僅在詩、詞、古文上的造詣精深，而且懂得醫理及飲饌之道。因而在《紅樓夢》一書中，其飲食乃隨小說情節發展，所映照在日常生活裡的縮影，自來爲研究「紅樓宴」者所津津樂道。事實上，曹雪芹不只「燒得一嘴好菜」，如果親自下廚，也能烹出美味。

雪芹的哥們裡，以敦敏和敦誠這兩位宗室子弟和他交情最好，時常互贈詩句，表達深情厚意。像有個秋天早上，敦誠在槐園碰到淋成落湯雞的雪芹，此時主人不在，雪芹「酒渴若狂」，敦誠便解下佩刀，拿去當舖典當，買酒給雪芹喝。這種患難知交，普天之下，能有幾人？

話說雪芹有次爲他們「做魚下酒，以飽口福」。在雪芹露一手之前，這兩兄弟先擺陣仗，移桌就座，放好酒杯筷子，準備一些酒菜，將魚整治乾淨，專待雪芹施爲。待他煎烹完畢，另一食客叔度，擎起那大海碗，雪芹打開碗蓋，用些黃酒環澆，頓時鮮味濃溢，勾起眾人饞蟲，但見魚身有刀痕，好像蚌殼一般，配料則是筍片，已看不出是魚。叔度便用筷子輕輕打開魚腹，對著大家說：「請先進此味。」眾人睜大眼看，彷彿一斛明珠，顆顆璨然在目，無不瑩潤光潔，同時大如桐子，懷疑它是雀卵。這等燒魚手法，眞是前所未見。敦敏便問叔度，此魚設想新奇，定有不傳之祕，願聞其名。叔度回說：「這叫老蚌懷珠，非用鱖魚才能識其度量，如果改用鱸魚，那就更勝一籌了。」

這道老蚌懷珠，裡頭所藏的明珠，各家解釋不同，有人說是用蛋清和綠豆粉製成的小丸子，也有人說用雞頭肉。雞頭肉就是芡實，如用雞湯煨透，個個晶瑩剔透。不過，第一個推出「紅樓宴」的「來今雨軒」（位於北京市中山公園內），其所燒出的老蚌懷珠，既不用鱖魚、鱸魚，而是用武昌魚（團頭魴或槎頭縮項鯿，此指後者），魚腹所鑲之珠爲鵪鶉蛋，且未以油炙，純粹用清蒸，全然不是原貌。

又，清乾隆年間，揚州流行傳自徽州的「荷包魚」，此魚餚係以鯽魚製作，不割魚腹，而是由魚背啓刀，取出內臟後，瓤入酥炸小肉丸子煎至兩面金黃，先用旺火燒開，蓋上鍋蓋，改用小火收汁，裝盤即成。這道菜一名「鯽魚懷胎」，以形似荷包而得名。雪芹燒魚的創意，與此互爲表裡，堪爲食林美談。

我曾在「煉珍堂」嚐過一款別開生面的老蚌懷珠，魚選尼羅河紅魚，不去頭尾，以瓠瓜絲縛定，腹內塞滿蛋清及魚肉打成的魚丸。蒸透上桌後，剪斷瓠瓜絲，魚腹即開啓，魚丸歷歷可數，鮮活生動，味極適口。我想曹公地下有知，也會對陳老闆的創意，嘖嘖稱奇哩！

●煉珍堂（「上海極品軒」私人廚房，需預約）
地址：台北市中正區衡陽路十八號八樓
電話：（〇二）二三六一一五八〇

周桂生的太爺雞

以色澤棗紅、光潔油潤、肉嫩醇香並含有濃郁的茶葉清香味著稱，是一款佐餐下酒的珍饈。

在改朝換代後，很多官員頓失依靠，只好自謀生路，有的人跑去教書，有的人去做生意，還有的人便以一技之長，搞出一番新事業，反而「留得千秋萬世名」。比較起來，周桂生的際遇頗不尋常，值得大書特書。

周桂生原籍江蘇，清朝末年時，曾在廣東省新會縣當過縣令，是個愛民如子的父母官。辛亥革命後，丟了烏紗帽，來到了廣州，因生計日艱，整天愁眉苦臉。一日，他忽然想起自己當縣太爺時，衙門裡的廚子所燒出的熏雞帶茶葉香，風味不錯，應該很有賣點，於是他挽起袖子，提起菜刀，拿起鍋鏟，開始試製茶熏雞。由於領悟力好，加上觸類旁通，竟讓他燒出一款茶香透骨、滋味不凡的茶燻雞來，正因茶香顯著，故一名「茶香雞」。此雞上市之後，嚐過的人，無不嘖嘖稱奇，當人們知道周桂生曾經是個縣太爺時，爲了方便記憶，又叫它「太爺雞」。

等到「太爺雞」遠近馳名後，周桂生順水推舟，開設「周生記食攤」，專賣此一美味，狠狠賺上一筆。到了二十世紀三〇年代，廣州市名館「六國飯店」的老闆招寬魚，對這雞情有獨鍾，乃命廚師用五十銀圓的高價到「周生記」學藝。過沒多久，「太爺雞」就成了六國飯店的招牌名菜。流風所及，廣東、香港、澳門等地區的菜館、食攤紛紛推出太爺雞，熱鬧了好一陣子。

中華人民共和國建立後，「六國飯店」併入「大三元酒家」，太爺雞自然又成了「大三元」的名菜。二十世紀八〇年代時，英國國家電視台記者遠赴廣州，特地拍攝太爺雞製作及銷售的鏡頭，並以此作爲「中」英合拍的電視系列片《中國人》裡的一個特寫場面。從此之後，太爺雞更名揚五湖四海，蜚聲國際，食客絡繹不絕。

又，一九八一年時，周桂生的曾外孫高德良在廣州復開「周桂生食攤」，爲正宗的太爺雞延續香火。

太爺雞在製作時，必取信豐的良質母雞，先氽後鹵再煮，接著用香片茶葉、廣東土製的片糖屑、米飯等燻製而成，以色澤棗紅、光潔油潤、肉嫩醇香並含有濃郁的茶葉清香味著稱，是一款佐餐下酒的珍饈。

我曾在香港的食肆裡品嚐過太爺雞，熱食固然不錯，冷食亦有風味，比起一般的燻雞來，滋味更勝一籌。不過，台北最先揚名的燻雞，不是出自嶺南，而是來自北平的妙品，由位於信義路的「逸華齋」製作，以「質味俱佳，價錢也很豪華」著稱。自該店歇業後，易名為「信遠齋」，另起爐灶，風味雖略遜，售價仍不菲，據說前些年又轉手，滋味大不如前，令人扼腕不已。看來北方式的燻雞，已在台灣向下沉淪，舉筯回顧心茫然了。

●信遠齋
地址：台北市新生南路一段一七〇巷十五號
電話：（〇二）二三四一六六〇八

叔嫂傳珍醋熘魚

這道菜原本是一魚兩吃。〈西湖詞〉云：「味酸最愛銀刀鱠。」〈望江南〉亦云：「潑醋味鮮全帶冰。」

西湖醋魚是杭州的傳統名菜，一名醋摟魚或醋熘魚，別名則是傳說中的叔嫂傳珍。然而，清代美食家袁枚在《隨園食單》中，把醋摟（即熘）魚與宋嫂魚羹混為一談，後人不明所以，轉相口述抄錄。例如清道光年間，梁晉竹的《兩般秋雨盦隨筆》便記載著：「西湖醋溜（即熘）魚，相傳是宋五嫂遺製。」即是以訛傳訛，貽誤後學甚巨。

位於西湖之畔的「五柳居」，是家以燒西湖醋魚聞名的小館子，草魚現撈現吃，以味鮮美著稱。「五柳居」後毀於太平軍攻破杭州時，繼起者爲「樓外樓」，譽滿江南。有位老兄食罷，在牆壁題首詩，詩云：「裙屐聯翩買醉來，綠楊影裡上樓臺，門前多少游湖艇，半自三潭印月回。何必歸尋張翰鱸，魚美風味說西湖，虧君有此調和手，識得當年宋嫂無。」雖用錯了典故，但將該店烹製的西湖醋魚，推崇備至，認爲它可替代那讓西晉人張翰一直念念不忘的鱸魚膾，倒是見仁見智，不必信以爲眞。

叔嫂傳珍的故事流傳極廣，畢竟只是傳說，說得活龍神現，想來眞是好笑。不過，它爲食林增色，也算功不可沒。原來古時有宋氏兄弟二人，滿腹詩文，隱居西湖，打漁爲生。當地惡棍趙某，性喜漁色，見宋嫂頗具姿色，便設計害死其夫，想霸占她爲妻。弟弟打漁歸來，偕嫂去衙門告狀，官府非但未受理，反而遭毒打一頓，逐出衙門。叔嫂歸家，收拾細軟，準備離開。臨行前，大嫂取來漁獲的鯇魚（即草魚），特地加糖添醋，燒了一只菜，對小叔說：「這碗魚有酸有甜，望你日後發達時，不忘百姓辛酸，早日歸鄉，除暴安良。」弟弟後來當了大官，重懲了惡棍，卻遍尋不著嫂嫂的下落。一日，出外赴宴，席間吃了一道魚餚，滋味和嫂嫂行前燒的挺像。原來嫂嫂爲了避禍，到這戶人家幫傭，聽說小叔到來，特地如此製作。叔嫂欣然相見。小叔於是辭官，接大嫂回家供養，在西湖邊重操舊業，仍然打魚爲生。故事荒誕不經，道聽塗說而已。

製作這道菜，用草魚切塊燒，其原則是「魚不可大，大則味不入；不可小，小則刺多」；用整條煮的，則必須「魚長不過尺，重不逾半斤」，且煮法亦不同。前者乃「略蒸，即以滾油鍋下魚，隨用芡粉，酒、醋噴之即起，以快爲妙」；後者爲「宰割收拾過後，沃以高湯，熟即起鍋，勾芡調汁，澆在魚上。」另，照散文大家梁實秋的切身體會，調汁「不要多，也不要濃，要清清淡淡，微微透明，上面可以略撒薑末，不可以加蔥絲」，以保持原味爲佳。

這道菜原本是一魚兩吃。〈西湖詞〉云：「味酸最愛鋃刀鱠。」〈望江南〉亦云：「潑醋味鮮全帶冰。」換句話說，大尾草魚的中段（即肚膅）部位，可用醋熘，可片魚生。只是近人基於衛生上的考量，早已不嚐河鮮批的生魚片了。又，烹燒此魚，需用微酸帶香的浙醋，才能得其眞髓，以他醋爲之，就不對味啦！

飛機空運紙包雞

一九三一年時，主政兩廣的陳濟棠將軍，有次在廣州宴請貴賓，其夫人建議用紙包雞饗客。陳遂命人乘專機由廣州飛往梧州，購得之後，立刻飛回，成為晚宴的席上之珍。

為了享受一頓美食，有人可以不遠千里，專程跑去花都巴黎，尋個米其林評鑑的餐館，盡情體會異鄉風味。同樣地，也有人為了一味佳餚，竟然包架專機，特地從大老遠送到晚宴的餐桌上，供賓客們大快朵頤。放眼中國現代史上，這種情形並不多。其中，最為人們所津津樂道的一道菜，就是滋味變化萬端、吃法別饒奇趣的廣西名菜——

梧州紙包雞。

關於此菜的起源，本身即富傳奇色彩，第一說是財主嗜食雞餚，在重金懸賞下，「環翠樓」的主廚官良，就創製出這一前所未見的美味，從此名震嶺南。第二說是民國初年時，梧州的「同園酒家」黃姓老闆偶因興之所至，親製「紙包雞」款待親友，眾人食而甘之，嘆爲得未曾有，其後黃老闆再製「紙包雞」請客，亦獲食家好評，於是在商言商，將此珍饈列於菜單內，從此一砲而紅。第三說則是它始於清末。話說有一年，西江河水暴漲，有位雞販準備運往廣東的兩船雞，因水受阻，時值六月炎夏，可能發生雞瘟，雞販便向梧州「同園酒家」的廚師崔樹根求助，崔便創製此菜，由於滋味鮮香，極受顧客喜愛，馬上銷售一空，成爲梧州的首席名菜。

至於紙包雞的發展，亦有二說可資參考。通說認爲官良後應聘至粵西某大酒樓，把原先只用雞腿、雞翅抽骨切塊的高檔品，改成用去頭、頸、爪的全雞製作，走平民化路線，可以單點外賣。因其式樣新穎，而且滋味不凡，大受人們歡迎。當時返鄉華僑，爲使家人得嚐，便用鐵罐焊裝此菜（註：中國最早的罐頭菜），帶回僑居地，紙包裝因而在港、澳、星、馬、印尼等地大享盛名。另一說則是自「同園酒家」倒閉後，其主廚改聘至「粵西酒家」，以正宗的「紙包雞」標榜，以致食客常滿，生意格外興隆。

一九三一年時，主政兩廣的陳濟棠將軍，有次在廣州宴請貴賓，其夫人建議用紙包雞饗客。陳遂命人乘專機由廣州飛往梧州，購得之後，立刻飛回，成爲晚宴的席上之珍，此一大手筆，實食林罕見。

紙包雞最早用玉扣紙製作，後亦用玻璃紙或鋁箔紙，皆要打開包紙，方可食用，有人爲了省事，改用糯米紙（即威化紙）包雞，從此可以直接送口，賓主皆大歡喜。

台北的紙包雞早年以位於林森北路的「楓林小館」最擅製作，打開包紙後，雞嫩醬醰，芳郁鮮美，乃下飯佐酒之妙品。並與該店拿手的鹽焗蝦、芋泥香酥鴨、中式牛排、脆皮豆腐、檸檬雞、京醬排骨、牛腩煲等齊名。然而自「楓林小館」歇業後，其後人及大廚，遂在東豐街另起爐灶，易名爲「彭家園」（註：原主人翁姓彭），尚能維持風味。諸君如對紙包雞有興趣，到此一膏饞吻，應可列爲首選。

●彭家園
地址：台北市大安區東豐街六十號
電話：（〇二）二七〇四五一五二

乳釀魚的新版本

五〇年代初，名作家老舍來到西安，文人柳青和詩人戈壁舟、柯仲平等爲他洗塵，席中便有此菜。老舍食罷讚道：「我們中國有的好作品，也像這奶湯鍋子魚一樣，讓人喜愛。」

盛唐之時，朝廷大臣升官，照例要向皇帝進獻一席珍饈，號稱「燒尾宴」，這個取自鯉躍龍門，燒尾化龍典故的宮廷名宴，一向珍錯雜陳，讓人目不暇給。不過，其中有一席，尤其精采絕倫，因而被收錄在宋人陶穀的《清異錄》中。這席韋巨源進獻給唐中宗李顯的燒尾宴，計有三十五道菜餚和二十三道飯食點心。而菜餚之內，有乳釀魚一味，該〈食單〉內僅註明「奶湯燴魚」，至於其燒法如何？則闕而弗錄。幸而一代名廚李芹溪詳加詮釋，終能大顯天下。

李爲陝西藍田人，不僅精曉陝、甘菜點，且旁通豫、魯、京、川等地方風味菜餚的烹製，其最拿手者，則是湯菜與燕菜。

庚子拳匪之亂，慈禧倉皇出京，迤邐逃至西安，駐蹕北院門的都撫府。等到大局穩定，便開始享受起來。當時陝西名廚李芹溪，即在承包御膳的「明德樓」掌勺。他在乳釀魚的傳統技法上，別出心裁，巧爲烹製，曾進獻給太后享用，受到慈禧的讚譽，還下旨褒美嘉獎，並親書一幅「富貴平安」，以爲賞賜。此菜後名「奶湯鍋子魚」，由其高徒曹秉鈞繼承，成爲西陲首席名菜，常見之於高檔筵席。

二十世紀五〇年代初，名作家老舍來到西安，文人柳青和詩人戈壁舟、柯仲平等專誠爲他洗塵，設宴於「西安飯莊」，席中便有此菜。老舍嚐罷，隨即讚道：「我們中國有的好作品，也像這奶湯鍋子魚一樣，讓人喜愛。」事後，戈壁舟特撰〈食魚記〉一文，記載此一文壇盛事。此菜再經這次的揄揚，立刻水漲船高，號稱「西秦第一美味」。

老舍

這道菜是以鮮活的鯉魚爲材料，在整治洗淨後，先片成兩片，切成瓦塊狀，放在油鍋煎。接著下蔥、鹽、奶湯燒沸，再下火腿片、水發玉蘭片及香菇片，改用中火燉約兩分鐘，然後盛入銅鍋子（註：亦可用不鏽鋼鍋）內，加蓋上桌，最後再點燃置於鍋下的酒精爐即成。其湯色如乳而鮮香，魚肉則細致滑嫩，取出沾薑、醋汁而食，勝在味爽而雋，幾乎入口即化。此外，吃超過一半時，可續添奶湯，加豆腐再沸；最後連湯帶料，全部吃個精光。食罷全身暖和，感覺通體舒泰，實爲冬令佳餚，既經濟又美味，且有獨到風味，不論佐飯下酒，都是上好滋味。

奶湯是此菜的靈魂，李氏的湯頭好，不愧第一把手。非但善用雞架、鴨架、肉骨等葷料製湯，並雜用豆芽、大豆、黃花菜等素料，在綜合運用下，所吊之湯極棒，已成今日主流。諸君觀賞日本飲食節目《料理東西軍》時，其名廚及業者莫不承襲此法，只是搭配之料略有差異而已。

孫中山的食療觀

「吾住在粵垣（即廣東省），曾見有西人鄙中國人食豬血，以爲粗惡野蠻者。而今經醫學衛生家所研究而得者，則豬血含鐵質獨多，爲補身之無上品。」

國父孫中山先生，畢生奔走革命，不太講究飲食。然而學醫的他，嗜食豬血豆腐湯。有人問他原因，他認爲豬血富含鐵質，豆腐則有豐富的蛋白質，這兩種食材都對人體甚有補益，如果一起煮湯，效果鐵定不凡。

原來他吃豬血這檔子事，出自《建國方略》。孫先生明白表示：「吾住在粵垣

（即廣東省），曾見有西人鄙中國人食豬血，以爲粗惡野蠻者。而今經醫學衛生家所研究而得者，則豬血含鐵質獨多，爲補身之無上品，蓋豬血所含之鐵，爲有機體之鐵，較之無機體之煉化鐵劑，尤爲適宜於人身體。故豬血之爲食品，有病之人食之，固可以補身，而無病之人食之，亦可益體。」事實上，中醫對豬血亦甚肯定，認爲它具有養血補心，健脾益胃的功效；而在臨床時，尚可用於眩暈，中滿腹脹，子宮頸糜爛等症。

此外，「中國素食者必食豆腐。豆腐者，實植物之肉料也，有肉料之功，而無肉料之毒。」此舉實比西方人爲高，畢竟「西人之提倡素食者，本於科學衛生之知識，以求延年益壽。然其素食之品種，無中國之美備，其調味之方，無中國之精巧」，更何況「蔬食過多，反而缺乏營養」，故有「鐺中軟玉」之稱的豆腐，乃中國食材中的瑰寶。究其實，中山先生的話是有道理的，由於豆腐中的蛋白質屬完全蛋白，不僅含有人體內必須的氨基酸，而其比例亦頗接近人體的需要，易於吸收。加上其所含的豆固醇能抑制膽固醇，有助預防一些心血管方面的疾病，可惜其普林含量甚高，凡尿酸高的患者，不宜時常進食。

《建國方略》又云：「中國人所飲者爲清茶，所

食者爲淡飯，而加以菜蔬豆腐此等之食料，爲今日衛生家所認爲最有益於養生者也。故中國窮鄉僻壤之人，飲食不及酒肉者，常多長壽。」同時，國父所謂的：「夫悅目之畫，悅耳之音，皆爲美術，而悅口之味，何獨不然？是烹調者，亦美術之一道也。」他的這番話，現已得到普世的認同。

準此以觀，豬血豆腐湯內，必加蔬菜，就色澤而言，紫、白、綠相間，乃悅目之畫面；就營養來說，礦物質、蛋白質、維生素均備，實一營養之食品。吾人經常食此，看著美麗圖案，身子受用不盡，想要健康長壽，當在情理之中。

有趣的是，豬血曾有「黑豆腐」的妙喻。原來前台東縣籍的省議員洪掛，本在當地開了一家專製蔗渣（造紙原料）外銷日本的工廠，所以和日本方面往來密切。

有一回，他帶了幾個日本客人去品嚐赫赫有名的「卑南豬血湯」。由於日本人不敢吃豬血，他便靈機一動，介紹此乃台灣的「黑豆腐」。日本客人信以爲眞，吃罷，連聲叫好，一碗緊接一碗，竟直至過癮方休。不過，在此套句鄧小平的話，管它黑豆腐、白豆腐，只要有益人體健康的，都是好豆腐。看來合黑、白豆腐，煮一鍋好湯，才眞的是「無上妙品」。

守舊驚新話魚翅

魚翅不易消化，呷口帶香但不酸的浙醋，旨在開胃消滯；銀芽的目的在爽口；芫荽的作用，則是提味增香。

近些年來，嚐過的排翅不下十數回，夠水準的固然驚豔，但印象最深刻的，反而是用魚翅搭配的大塊文章：其一為著名台菜餐廳「明福」的「蹄膀燉翅」，我一共嚐了兩次，湯汁濃醰而翅爽滑，耐人尋味；另一則是大名鼎鼎的杭菜館「天香樓」之「生翅煎牛排」，納中西烹法於一爐，別開生面。大體而言，前者遵古法製作，具草根性；後者走創新路線，與世界接軌。雖彼此步調不一，但同樣有其價值。

基本上，中國食用魚翅，首載於《宋會要》。到了明代，已成常饌，不論帝王將相或升斗小民，均視其為「珍饈美味」，而且是「常嗜之品」，凡是喜慶宴會，「必設此物爲享」，公認用雞湯來燉，滋味最美。當下江浙菜的火朣土雞燉排翅，即師其意而承其遺緒。

清代時，魚翅更爲普及，不僅《隨園食單》、《調鼎集》、《食憲鴻祕》及《食品佳味備覽》等飲食名著，均載其烹調之法，同時揚州、福州及廣州，都是善治魚翅的所在。廣州燒翅尤有名，其影響極爲深遠。

受廣州燒翅之惠，進而打出自家名號的，乃滑膩突出的潮州翅。據說潮州食肆，有魚翅供應，始自清穆宗同治末期（公元一八七〇年前後）汕頭鎮邦街的一家菜館。老闆曾居廣州，做過兩廣總督瑞麟的家廚。籍屬滿州的瑞麟講究飲食，尤以精奢揚名宦海。及其歿後，該廚返其原籍，在汕頭開菜館，以烹製濃膩魚翅飲譽食壇。因而潮州翅的燒法，可謂源出廣州，而其創始者，卻是滿籍的封疆大吏。

至於瑞麟愛吃的魚翅，是否一如現今潮州翅的濃膩？倒是不易考證。不過，以香濃肥膩著稱的潮州翅，多用五羊翅片（註：硫球翅因身薄，不做水盤翅，必製成翅片等熟貨）。先將翅片浸水，去根部的腳頭，用豬毛刀剷去翅的外皮（即膜），接著汆燙及滾沸水，讓翅身吸收足夠水分，然後加料熬翅，其所加的料，通常是用老雞、豬腳及炒香過的排骨、瘦肉、豬皮等。考究點的，豬腳會改用火腿的爪，藉以提味增鮮。經一番燉煮後，紹酒、鹽與上湯，完全融入濃湯中。此際，分別取出排骨、腳爪、瘦肉等，將雞剖半，覆於魚翅上，再燉至軟滑。臨吃之時，取出雞，添麻油、胡椒粉調味，亦有撒入火腿絲者，而與其同時上桌的，尚有銀芽、浙醋及芫荽（即香菜）。香港著名食家、筆名特級校對的陳夢因先生指出：這三樣輔料的作用在「中和濃膩」。事實上，魚翅不易消化，呷口帶香但不酸的浙醋，旨在開胃消滯；銀芽的目的在爽口；芫荽的作用，則是提味增香。我曾見食客將這三者傾入翅中，攪拌再食，無異糟蹋了頂級上場，還有的老兄更是突發奇想，添入芥醬或白蘭地酒，又不是在喝雞尾酒，根本不需多此一舉。

台式的蹄膀燉翅，比起細膩的潮州翅，少了些許精緻，卻多了幾分豪邁，因其濃而不膩，大啖排翅之餘，尚可大塊吃肉，眞是不亦快哉！其能歷久彌新，正反映在此一式兩吃之上。

另，位於杭州的天香樓，初名「武進天香樓」，後易名爲「武林天香樓」，因口味道地，故有「正宗杭菜名家」的盛譽。自解放後，店家爲廣招徠，刻意求新尋異，先後創製了「柳浪聞鶯」、「麥熟雉肥」、「羅漢摘桃」、「雪中送炭」、「火燒赤壁」等創新菜，縱未大發利市，總算標新立異，功過尚可相抵。而今台灣位於亞都麗緻飯店的「天香樓」，除原先襲自香港「天香樓」的菜色外，開始改頭換面，來個老菜新作，稱得上是別開生面，其著者有「雙色龍井蝦仁」、「銀芽韭黃炒鱔絲」等。前者將薄脆製成口袋餅狀，內容河蝦仁及劍蝦仁，造型還算別致；後者則是將本土的鱔絲與海上菜的韭黃鱔糊等結合，此菜毀譽不一，或謂不倫不類，或謂統合兩岸，似乎全靠食客的自由心證來判其優劣。此外，其融中西於一味的「松露芙蓉蕁菜」，倒是很有意思，不中不西，亦中亦西，即使一再咀嚼細品，依舊是「誰解其中味」？

然而「天香樓」的新菜中，最令我動容的，乃是厚實穩重、滋味甚奇的「生翅煎牛排」。牛排用的是澳洲和牛之腓力，圓墩焦香，賣相不錯；生翅選用排翅，「瑩若銀絲」，根根秀發。兩者同納白瓷盤中，一如日月並明，各有各的滋味，可惜芡汁過多，食來湯汁淋漓，未免美中不足。其好處爲一次食遍中外昂貴食材，大有一統江湖的氣勢；缺點則是踵事增華，諂外媚俗。當然啦！食尚一如時尚，既是聚焦所在，也能引領風騷，其運用之妙，本存乎一心，菜餚雖不見得以創新爲貴，但勝過抱殘守缺多矣。觀乎此，我對「天香樓」實寄予厚望焉。

●天香樓（位於亞都麗緻飯店內）
地址：台北市中山區民權東路二段四十一號
電話：（〇二）二五九七一二三四

●明福
地址：台北市中山區中山北路二段一三七巷十八之一號
電話：（〇二）二五六二二一二六

食林經典
大千宴

六一絲是張大千六十一歲赴東京舉辦畫展時，由其前家廚陳健民挖空心思所創的經典名菜。此菜由六素一葷組成，一律切成細絲，旺火熗成一盤，色澤五彩繽紛，清爽適口不膩。

蜀人張爰（大千）書畫精絕，畫藝尤爲世所稱，其晚年以潑墨取勝，並以青綠設色的大氣磅礴寫意畫，鮮明奪目，出神入化，號稱「大潑彩」，更是「意在丹青外，力奪造化功」，故能「集眾長而自成一派」，至今盛譽不衰。

然而，張氏酷愛美食，本身亦擅烹調，自言：「以藝術而論，我善於烹飪，更在畫藝之上。」事實上，他對食物的選材和做法，均極講究，不僅指揮大廚如何如何，還會自己親自下廚，舞刀弄鏟一番。即使年逾古稀，照樣樂此不疲。因而有人打趣地說：「若以繪畫是張大千的經，那麼美食則是張大千的緯了。」此外，張大千的家廚均為頂尖高手，其中又以婁海雲及陳健民最負盛名。前者辭廚後，在紐約開飯店，其精湛的手藝，曾讓甘迺迪總統夫婦讚不絕口；後者則在東京開設「四川飯店」，既是店東，也是主廚，手藝之佳，惹得日本政商名流趨之若鶩，因而廣設分店，在行有餘力下，還設立一間「中國文化烹飪學院」，並自任院長。

天性好客的張大千，「只要說到吃」，他的「精神就來了」。因此，他除親炙諸般美味，如酸辣魚湯、木耳生炒牛肉片、牛肉麵等膾炙人口的餚饌外，更匠心獨運，一方面將塞外的「手抓羊肉」，取其意借其名，創造了「手抓雞」這一佳餚，成為「大風堂」的名菜之一；另方面則是把湘菜的「辣子雞丁」成功地轉換成帶有川味色彩的「大千子雞」。尤令人嘖嘖稱奇的是，此菜因海峽兩岸廚師不同的處理方式，風味居然大相逕庭，簡直不可思議。

張府的菜單，皆大千手書，於筆力雄渾外，尚可一窺其佳餚及飲食好尚。因此，他的菜單，就成了食家及收藏家搜羅的對象。至於打著「大千菜」以廣招徠的餐

張大千

廳，我前後品嚐過「大千食府」、「老萊居」、「大千食譜」等數家，或嫌匠氣，或不入流，或失旨趣。總之，就是不對味兒，謂之東施效顰，倒也差堪比擬。

若論當世最能詮釋「大千菜」，進而成形爲「大千宴」者，非有「儒廚」稱號之陳力榮莫屬。陳氏開設的「上海極品軒餐廳」，以擅燒上海的外幫菜揚名，他本人並不以此自滿，爲了提升廚藝，效法大千先生以藝術家的法眼，施之於烹飪上，「當濃則濃，該淡則淡」，旗幟鮮明的理念，成立「煉珍堂飲食文化工作室」。非但演繹諸般菜色，而且添加自己創意，形成自家烹調藝術，終而大放異采，譜成食林傳奇。其大千菜取徑甚廣，係從張氏的五張食單擷英取華，遂博得商業鉅子林百里等人的青睞，一再光顧。近日其所燒的一席「大千宴」，計有六一絲、紹酒㸆筍、椒麻腰片、炒明蝦球、大千子雞、薑汁豚蹄、七味肉丁、素膾（素黃雀）、糯米鴨、蔥燒大烏參等十道菜及豆泥蒸餃、煮元宵二點心，食者無不滿意，歎爲十二驚奇。

曾經營「春天酒店」、本身亦擅烹調的何麗玲小姐，對前三者特別喜愛，且對六一絲及㸆筍情有獨鍾，譽之爲「養生菜」。而有「甜心主播」之譽的丁靜怡小姐，亦對椒麻腰片及大千子雞推崇備至，覺得此宴無一道不好吃，十分可口。

六一絲是張大千六十一歲赴東京舉辦畫展時，由陳健民挖空心思所創的經典名菜。此菜由六素一葷組成，起初的六種菜蔬，分別是掐菜（綠豆芽摘頭去尾）、玉蘭片、金針、韭黃、香菜梗及芹菜莖，一葷則是金華火腿。不論食材葷素，一律切成細絲，旺火燴成一盤，色澤五彩繽紛，清爽適口不膩。大師極爲欣賞，食罷拍案叫絕，以此啓迪靈感，自行再加變化，竟用類似食材，烹調成「六一湯」。

中國浙江的天目山筍，舉世知名。大千獨具慧眼，認爲台灣上好的綠竹筍，並不在其下，或恐過之。陳力榮取當季的綠竹筍尖，以冰糖、醬油膏、紹酒調製的醬汁，經長時間燉滷，俟其完全入味，才算大功告成，其質脆汁迸的滋味，誠非筆墨所能形容。至於其他各菜，囿於篇幅，只好從缺。

由此觀之，諸君欲品享「大千宴」，非赴「煉珍堂」不可。

●煉珍堂（上海極品軒私人廚房，需預約）
地址：台北市中正區衡陽路十八號八樓
電話：（〇二）二三六一一五八〇

首席年菜佛跳牆

佛跳牆除了原有福壽全這個象徵性的好口采，香港人管它叫「一團和氣」，代表著一款菜餚中，即使有多種食材，照樣能夠感情融洽、和睦相處。

每屆年關，各種年菜紛紛出籠，其中人氣最旺的一道，莫過於佛跳牆了。不僅市場（含傳統及超市）有現成的佛跳牆（註：通常都是迷你的，大半附有容器，便於外帶及加熱）供應，而且各大觀光飯店及大型餐館，亦推出各式各樣的佛跳牆應景。五花八門，名目繁多，習見的，則有養生滋補佛跳牆、藥膳佛跳牆、九華佛跳牆、排翅佛跳牆等。其售價之高，每使人咋舌，曾有過一甕索價，竟高達兩萬五千元之譜的。就我個人而言，只求味美料實，絕不去趕時髦，於是乎能染指的，實在屈指可數。往年常去品享的，乃位於台北市錦州街的「美麗餐廳」，而今則獨鍾「三分俗氣」年節始推出的佛跳牆，料精味醇，美不勝收。

關於「佛跳牆」一詞，最早見於宋人陳元靚的《事林廣記》一書，其燒法類似北方菜的乾烹肉。而在一般人的印象中，此菜之得名，其原因有二，一是因爲此菜太香，香得連我佛都失去定力，竟跳牆去偷吃了。這話毫無根據，應是望文生義。另一說法則是出自連横（註：《台灣通史》作者，乃連戰的祖父）的《雅言》，云：「佛跳牆，佳饌也；名甚奇，味甚美。福州某寺有僧不守戒，以豬肉、蔬、筍和醬、酒、糖、醋納甕中，封其蓋，文火爊之，數時可熟。一日爲人所見，僧惶恐跳牆而逃，因名之曰『佛跳牆』，台灣亦有此饌。」此說實不知其所本，但此菜由清末傳入台灣，倒由此得到佐證。

原來當下佛跳牆的雛形，來自明代宮廷的「燴三事」。載於太監劉若愚所撰《酌中志》，他在〈明宮史．飲食好尙〉一節云：「先帝（指明神宗）最喜用炙蛤蜊。……又海參、鰒魚（即今之鮑魚）、鯊魚筋（即魚翅）、肥雞、豬蹄筋，共燴一處，名曰『三事』，恆喜用焉。」這個以小火煨燴而成的宮廷大菜，最後「飛入尋常百姓家」，成爲民間的絕妙好菜，以出自中饋的爲上品。

到了清穆宗同治年間，福建官銀局的某長官，有回在家宴請他的頂頭上司布政使周蓮，席間有一用紹興酒罈煨製的佳餚，滋味非常特別，周蓮食罷，讚不絕口。回到衙內，便要其主廚鄭春發依式製作，只是吃了幾次，就不怎麼對味。周蓮於是親自帶領著鄭春發，向長官的內眷請教。鄭學得之後，覺得尚有成長空間，經潛心研究後，另在主料裡增添山珍海味，並改進一些烹飪技藝，滋味從此更勝本尊。

待鄭春發辭廚後，與友人合資創設「聚春園餐廳」，繼續在此菜內充實食材，主料擴增至二十餘種，輔料亦有十來樣，仍用紹興酒罈煨製，並命名爲「福壽全」或「罈中寶」，一直是店內的拿手好菜，堪稱鎮店之寶。

一日，幾個在此用餐的秀才，想吃點新花樣，便問堂倌是否有別致的菜？堂倌便捧了個大酒罈放在桌子正中央，並用炭火加溫。結果乍一啓封，立即滿室飄香，令人陶醉不已。一舉筯送口，即味道鮮醇，其質地軟嫩，能入口就化。眾人紛紛叫好，一秀才即席吟：「罈啓葷香飄四鄰，佛聞棄禪跳牆來。」舉座無不稱妙。畢竟我佛靜坐，萬念俱空之餘，竟會聞香棄禪，甚至跳牆求食，實已將此菜的魅力，描繪得淋漓盡致，生動有趣。有人就建議鄭春發，不如將它改名爲「佛跳牆」，以廣招徠。

鄭樂得棄俗從雅，爲了推廣此味，他又加以改良，在主菜佛跳牆之外，另加醬酥桃仁、糖醋蘿蔔絲、麥花鮑脯、醉香螺片、貝汁魷魚湯、香糟醉雞、火腿拌芽心、冬菇豆苗八碟，點心爲銀絲卷與芝麻燒餅，甜食則是冰糖燕窩，合成一桌佛跳牆全席。推出之後，大受歡迎，食客如織。從此之後，佛跳牆成了福建首席名菜，日後並流傳至台灣，成爲早年筵席及辦桌必不可少的一道大菜。

年菜講究好口采。佛跳牆除了原有的「福壽全」這個象徵性的好口采外，有人純用海味製作，號稱「海中寶」；香港人取的名字最有意思，管它叫「一團和氣」，代表著一款菜餚中，即使有多種食材，照樣能夠感情融洽、和睦相處，春節之時，尤需如此。是以台、港二地，每逢過年時節，佛跳牆經常一枝獨秀，成爲家家戶戶必備的一道特殊年菜。譽其爲首席，非溢美之詞。

「三分俗氣」的佛跳牆，入湯準確，不論時間和火候，都拿捏得剛剛好，以致煨得夠透入味，食材無不軟嫩鬆糯，相當耐人尋味。而在除夕夜圍爐，一直到元宵夜時，闔府團圓，繞甕而坐，熱氣直冒，眾筷紛舉，那股快樂勁兒，實非筆墨所能形容。

●三分俗氣
地址：台北縣永和市國光路四十九巷八號
電話：（〇二）二二三一一一〇三

●美麗餐廳
地址：台北市中山區錦州街一四六號
電話：（〇二）二五二一〇六九八

千里嬋娟雞包翅

一代食家唐魯孫兩嚐此一人間至味，形容它如「一輪大月，潤氣蒸香，包孕精博，清醇味正，入口腴不膩人。」

雞包翅爲江蘇泰縣名廚劉文彬的拿手菜，以「玄黃玉露、味純湯清」著稱，曾獲江蘇省長韓紫石的賞識，在對日抗戰前，風光過好幾年。其後，劉應聘至台灣，也露過了幾手，贏得食家讚譽。然而，此菜頗爲繁複，想要做得出色，得有兩把刷子，劉廚之後，能得其眞髓者，僅一代奇庖張北和而已，只是張氏稍變其法，並更名爲「將軍戲鳳」。

劉廚燒這道菜，選用九斤黃老母雞，魚翅則用小荷包翅。雞先拆骨，須雞翼、雞腿之骨全褪，接下來的魚翅，以鮑魚、火腿、干貝煨透後，再塞入雞肚中，用細海帶絲當線，將缺口逐一縫合，以免會漏湯減味。然後加上去過油的雞湯，以文火清蒸，約一小時上桌。一代食家唐魯孫兩嚐此一人間至味，形容它如「一輪大月，潤氣蒸香，包孕精博，清醇味正，入口腴不膩人」。難怪韓紫石食罷，認爲此菜既好吃又好看，如仍叫雞包翅，未免愧對佳餚。由於用它登席薦餐，係用一大瓷盅托出，望之「圓潤瑩潔，恍如甌捧素魄」，終在合席同意下，命名爲「千里嬋娟」。

唐老後以此法傳授張北和，張氏曾三獲職業廚師組金牌獎，刀火功高，能別出心裁，並另闢蹊徑。他先選活嫩母雞，宰殺去內臟洗淨後，除雞的頭、頸、爪外，骨頭全部扒光，在肚內添加去殼九孔、帶皮羊肉，發透魚翅、金針菇頭、火腿絲等，雞仍一如原狀，其缺口之處，則用乾瓠瓜絲縫合，最後注入雞高湯，用文火蒸透，至整個酥爛爲止。其味腴清正，在舀湯試鮮後，先食雞肉，再及於各料，繽紛五彩，爽潤甘芳，眞個是朵頤鮮醇，每令人歎爲觀止。已故名歷史小說家高陽深嗜此菜，當吃到一半時，必用整個鰱魚頭入鍋再燉，然後用藍帶（註：馬爹利的V.S.O.P）佐飲，必醉方休。此湯極濃郁而醰厚，因無以名之。張氏遂以人稱饌，命名爲「高陽湯」。又，其「將軍戲鳳」，我已嚐過三次，但其「高陽湯」，迄今尚未一膏饞吻，實此生一大憾事。

劉廚與張廚的雞包翅，路子雖不盡相同，但味之美則如一，但這種頂級珍饈，只宜在華筵之上爲之。早年一般人家的吃法，即使也還考究，卻少一些步驟。美食專欄作家劉枋女士，詳敘述她的做法，諸君如欲仿製，倒可取以爲法。其做法爲：「選肥嫩的眞純母雞，殺好洗淨，取出內臟，然後把發好煮熟的一排排的魚翅順理整齊，塡在雞肚子裡，入水滾煮，沸後立改文火，煮兩個小時，然後以美觀的大瓷皿盛出上桌」。她並表示，家中宴客，有此一味，只消配個香腸、滷肉、醃雞、拌海蜇等五、七味的大拼盤，再來兩個清淡的熱炒，於吃過這個亦菜亦湯的大件後，接著上兩小盤鹹鹹辣辣的下飯菜，也就夠了。此言雖不中亦不遠矣。

魚翅在水發之後，可分爲包翅（香港酒樓多寫作鮑翅）及散翅兩種。前者又稱排翅，其翅針緊連著柔軟的骨膜，整個呈梳形扇狀。它雖不如裙翅名貴，但也是高檔食材。香港的食肆有「原燉雞包翅」一餚，其特色是湯濃而翅爽。而在製作前，先用雞腳、豬皮和雲腿骨熬成濃汁，接著入雞和包翅同燉。由於雲腿骨可吊味，而雞腳、豬皮則有起膠作用，端的是湯醇味鮮，魚翅軟腴，好吃極了。另，台、港的江浙館子，在燉製排翅全雞時，必加火膧（俗寫爲胴，乃火腿中段的精華所在）提味增鮮，名字則叫得很直接，逕名爲之爲火膧土雞燉排翅。

香港九龍的「鹿鳴春」，乃一京味飯館，以烤鴨及雞包翅名聞遐邇。三年前，我與曹一兄特地往嚐，但覺雞味淡薄，不比當年鮮美。其實，台灣以火膧土雞燉排翅揚名的館子甚多，若論其中的佼佼者，必以「三分俗氣」爲最。店家從選料、整治到烹調，全都一絲不苟，故湯清而醇，雞腴而嫩，火膧酥透。排翅尤妙，軟爛帶爽，完全入味，食畢齒頰留香，餘韻悠長不散。只是當下好翅難覓，其價因而不菲，想要飽啖珍饌者，須事先預訂，以免有向隅之歎。

此外，諸君如欲體會何謂「百鮮都在一口湯」？到此喝上個一口，即知吾言之不謬。

●三分俗氣
地址：台北縣永和市國光路四十九巷八號
電話：（〇二）二二三一一一〇三

可登大雅的蹄膀

丁蹄非但遠銷東南亞及歐美各國，深受海外人士青睞，並曾在二十餘國所舉行的商品博覽會上獲獎，一九五四年時，更在德國萊比錫舉辦之博覽會上，榮獲金獎。

豬蹄膀（髈）眞是個好東西，不僅是市井美食，而且可以登席薦餐，甚至在國宴露臉。從古至今，不乏珍饌。

南方人叫的蹄膀，北方的方言稱「肘子」，它是豬的前後蹄靠上肢的一段上肉。此部位瘦多肥少皮厚，瘦肉鑽心如圈，筋多且富膠質，滋味格外鮮美，只要烹調得法，無不惹人垂涎。遠的且不說它，像《金瓶梅》內，就有「水晶蹄膀」；《紅樓夢》

內，亦有「火腿燉肘子」；愛新覺羅．浩所撰的《食在宮廷》中，更有「蘇造肘子」。由此亦可見能「健脾益氣，補腎塡精，開胃消食，通乳下氣」的豬蹄，是多麼的引人入勝了。難怪清代大美食袁枚，在他的曠世名作《隨園食單》內，即載有「豬蹄四法」，製法多元，無一不妙。

在此且先談談與鎮江肴肉、無錫肉骨頭共享「江南之嬌」美譽的丁蹄。這蹄相當不俗，非但遠銷東南亞及歐美各國，深受海外人士青睞，並曾在二十餘國所舉行的商品博覽會上獲獎，一九五四年時，更在德國萊比錫舉辦之博覽會上，榮獲金獎，一舉成名天下知。

丁蹄全名「楓涇丁蹄」，它原是清文宗咸豐年間，江蘇省金山縣（現隸上海市）楓涇鎮由丁氏夫婦（註：一稱兄弟）在張家橋邊所開設「丁義興酒店」的鎮店之寶，這款由冰糖等紅燒出來的蹄膀，滋味堪稱一絕，人們為了崇揚其美味，故將丁氏之姓冠於蹄膀之上，簡稱「丁蹄」。

話說酒店成立之初，生意一直不好，眼看就要倒閉，丈夫終日愁眉不展，其妻乃烹製家傳的冰糖紅燒蹄膀，聊供夫君解憂。沒想到做丈夫的，一嚐到此一香味撲鼻的蹄膀，馬上想出救店良策，遂在門口張貼大紅告示，寫著：「本店重金禮聘名廚，精製冰糖紅燒蹄膀，數量有限，請早光臨」。消息不脛而走，很快傳遍鎮內。當大夥兒嚐到紅通透亮、皮細肉滑、完整無缺、久食不膩的佳餚，無不個個稱妙，於是轟傳各地，每天坐無虛席，生意扶搖而上。

丁氏伉儷並不以此自滿，幾經改良之後，選料更加嚴謹，除用太湖良種豬的後腿外，更採用嘉興「姚福順」特製的醬油、蘇州「桂圓齋」頂級的冰糖、紹興的花雕酒，以及適量的丁香、桂皮、生薑等爲原料，經柴火三文三旺後，燜煮而成今日這個棕亮油潤、酥而不爛、肥而不膩、甜鹹適度，熱食酥透濃香，冷嚐鮮腴適口的型式，既爲酒席上的佐餐佳餚，同時也是饋贈親友的無上佳品。於是〈清末時期滿漢全席〉將之列爲珍品，自在情理之中了。

而今想要吃到這款相近的美味，莫過於台中的「老闆廚房」，此館尙可宅急便，足可供應各方需求。

能將丁蹄改頭換面，另鑄新意的菜色，當以「天鑊」的紅燒圓蹄爲最。店家用「敦」（註：類似燜爐的陶製古烹具）將蘋果泥煨蹄膀六個小時後，盛盤上桌。其外觀紅通油亮，渾圓完整無缺，皮Q爽肉不柴，肥油消融殆盡，配上卷曲成環的白色麵線，色呈朱紅的小紅蘿蔔及青綠帶翠的青江菜，排列齊整，顏色燦然，望之甚美，食味極佳。據說食量大的，還可獨自食個紅燒圓蹄而不抬頭哩！

曹雪芹生於富貴之家，才會曉得以「火腿燉肘子」供王熙鳳食用。其實，自古即富庶的揚州，在燒蹄膀時，還會輔以金華火腿的蹄膀部位，取名爲「金銀蹄」或「金銀蹄膀」。由於鮮豬肉煮熟後，皮變銀白色，火腿皮則呈金黃色，加上湯中同見金銀二色，象徵著吉利富貴，因而得名。此外，爲了讓湯頭更加鮮美，當地的庖廚還會放些雞、鴨、豬骨之類的與之同煨，其中又以雞最常見，故「金銀蹄雞」乃一件非同小可的大菜，等閒不易吃到。早年台北的「鴻一小館」主廚包媽媽以全雞、元寶及火膧燒成的「一品鍋」，即其遺韻；但若論及領袖群倫，必以位於宏國大廈之後的「聚豐園」稱尊，其金銀蹄雞湯料兩勝，唯已成絕響。

「聚豐園」的原老闆張萬利，後另創設「你的廚房」（現已歇業），以新江浙料理自居，仍有供應金銀蹄，汁醇味鮮，皮酥肉爛，金銀俱入化境，好到無以復加。然而，店東因其製作費時，以致菜單未列。想要嚐到極品，得事先預訂，至於是否能吃到，還得看閣下的造化了。

●天蠶（本店）
地址：台北市大安區麗水街五號
電話：（○二）二三九四三三三五

●老闆廚房
地址：台中市大墩二十街六十五號
電話：（○四）二三二八六五七一

品享白乾新境界

金門高粱酒與肉類菜最搭，像回鍋肉、麻辣子雞、宮保雞丁、蒜苗臘肉、東安雞、苦瓜肥腸、左宗棠雞、彭家豆腐、魚香肉絲、家常牛肉絲、陳皮牛肉、麻辣燙等，都是上選。

近些年來，我和金門特別有緣，已去了十六、七次，除遍嚐各式各樣的佳餚美點外，最重要的則是喝了好些頂級的高粱酒，盪氣迴腸，好不快活。

在明朝稱「燒刀子」的白乾，乃金門高粱酒的老祖宗，由於入口嗆辣，「不啻無刃之斧斤」，深受武夫輩及勞動階級的歡迎。只是酒質不純，刺激性又極強，難入文人雅士法眼，是以流行於市井間，一直無法登堂入室。

有「戰地公園」美譽的金門，曾駐紮十萬以上大軍，其天氣則春霧瀰漫全島，夏日酷暑難捱，寒風襲體哆嗦，加上地狹人稠，多半住在坑道，雖然冬暖夏涼，但是濕氣特重，故需烈酒甚殷。金門盛產之高粱酒，在因緣際會下，造成一片榮景。不僅在地官兵狂飲，且是重要的伴手禮，紛紛轉進台灣各地。於是乎既藏酒於軍，更藏酒於民，遂使金門高粱酒執台灣白酒之牛耳，盛況至今不衰。

早年金門高粱酒的酒力強勁，入口激飆爽洌，尤較今日爲甚。當時物資缺乏，每屆夜闌時分，想要雅上兩杯，只有自己動手。我最常消受的方式，就是泡碗麵，裡頭打個蛋，就著罐頭吃。縱使簡單少料，倒也其樂融融。等到回台灣後，起先的小酌聚飲，都會以滷味（包括豆干、海帶、豬耳朵、牛肉、牛筋、豬大腸、蘭花乾及蛋等）、花生等權充下酒菜，手頭如闊綽些，炒幾個下酒菜，最後上個熱湯，甚至叫個火鍋，也就心滿意足了。直到飲食功力更上層樓，研究酒菜間的搭配，便成爲我的興趣所在。

基本上，金門高粱酒與肉類菜最搭，滷的和炸的固然甚好，但炒的、爆的、熘的、烤的、紅燒的等等，亦無一不佳，像川、湘菜中夠味的回鍋肉、麻辣子雞、宮保雞丁、蒜苗臘肉、東安雞、苦瓜肥腸、左宗棠雞、彭家豆腐、魚香肉絲、家常牛肉絲、陳皮牛肉、大千子雞、熊掌豆腐、麻辣湯等，都是上選，讓嗜杯中物者，無不大呼過癮。末了，再來口熱湯，眞個是快樂似神仙，樂此不疲。

金門一些在地的佳餚，亦是下高粱酒的珍物。比方說，由回鍋肉演變而成的蒜仔肉或具草根性的酥炸排骨、筍燒蹄膀、芋頭燒肉、香茄肥腸等均是。水族中的，則以醃蟹、蠔煎、炸蚵卷、大湯黃魚等較佳，頗能誘人饞涎。

最近我有個新發現，原來以清香爲主體香的金門高粱酒，亦與水族類有不解之緣，如果搭配得宜，尤能引人入勝。現且就「聯泰餐館」的紅糟花枝、油條蝦泥及「阿芬海產店」的香芋軟蟳、三杯脆肚、海鮮粥等海味，一併探討白乾與海味間所譜出的交響樂。

「聯泰餐館」以燒傳統佳餚著稱，物美而廉，頗受歡迎。其紅糟花枝眞是好哇！紅中透白，糟味夠，質爽脆，鑊功亦好，下酒極棒。油條蝦泥則是其新創菜色，蝦泥即廣東人所謂的蝦膠、蝦茸。它是個「百搭菜」，可和各式的食材配搭成菜。金門的油條與台灣的有些差異，但味更勝，亦富嚼勁。將油條斬塊，其上塗以蝦泥，碼好味後，乾炸成菜，由於鹹鮮入味，百吃不厭，佐以白酒，能得風神。

「阿芬海產店」走的是精緻海產路線，有粗料細做者，亦有細料武火者，味道確實不錯，難怪食客如織。其香芋軟蟳，所用的爲軟殼蟹，芋則切條酥炸，前者爽而糯，後者酥而香，口感出奇地好，以此下酒，眞是好吔！脆肚用的是各種中、小魚之肚，以三杯的手法燒製，果然滋味特出，入口爽脆有勁，且有音效助興，讓人愛不釋口。我一只魚肚一口酒，打個通關不罷手，甚能領略兩者的相得益彰。

海鮮粥本為尋常物，但店家用料多，功夫夠，能耐人尋味。在酒足菜將飽之際，取此呷上一、兩碗，保證興高采烈，「飽得自家君莫管」了。

老實說，飲罷使人豪氣陡生的白酒，既適合圍桌暢飲，也宜於自斟自酌。我以往在喝高酒度的金門高粱酒時，常以禽獸肉的料理品享，風味之佳美，固不在話下，今兒個無巧不成書，改用海鮮當下酒菜，居然將其主體香的乙酸乙酯和乳酸乙酯發揮得淋漓盡致，這種全新體驗，總算識得廬山眞面目，得其「味外之味」了。

●阿芬海產店
地址：金門縣金湖鎮復國墩二十五號
電話：（〇八二）三三一一三九

●聯泰餐館
地址：金門縣金寧鄉湖南村十四號
電話：（〇八二）三二九二七九

南北烤鴨大會串

當下的烤鴨，起源自東京（今河南開封），定型於金陵（今江蘇南京），大盛於北京。而金陵的烤鴨，實具關鍵地位，以「燙得透、抹色勻、吹得乾、烤得勻」著稱。

前陣子，北京的「全聚德烤鴨店」以其響徹雲霄之名，挾著萬鈞之勢，首度來台獻藝。在媒體造勢下，頓成矚目焦點，引起連珠價地迴響。我則因緣際會，先嚐華麗套餐，並以軒尼詩X.O.及1865珍傳酒佐食，酒醇鴨香，相得益彰。

當下的烤鴨，起源自東京（今河南開封），定型於金陵（今江蘇南京），大盛於北京。而金陵的烤鴨，實具關鍵地位，以「燙得透、抹色勻、吹得乾、烤得勻」著稱。

所謂燙得透，是指鴨坯在上叉後，要經沸水澆淋，一定要燙到皮繃緊爲止；接著進行抹色勻，即趁熱抹上飴糖，均勻地抹遍全身；隨後將此鴨坯，放於通風口吹乾，使其烤熟後，皮脆而不捲曲。最後的烤得勻，乃指在烘烤時，火力一定要小而均勻，先烘其兩肋，再烘其脊背，最後再烘鴨脯。此時，既要將鴨子烘至九成熟，而又不可使鴨皮全部上色，等鴨坯在大火上烤至皮色金黃時，邊烤邊刷上一層麻油。唯有如此，才能達到其香、脆、鮮、酥、嫩、光的風味和特色。然而，這指的是叉烤；另，鴨子尚有明爐（掛爐）和暗爐（燜爐）兩種烤法。

烤鴨的技術，自明代「靖難」之後，便隨著明成祖來到北京。經近三百年的發展後，開始揚眉吐氣，起先由清宮餑膳房下設的「包啥局」（滿洲語，意爲下酒）負責掛爐豬和掛爐鴨，製成後片皮上席，稱爲「片盤二品」。自乾隆皇帝獨尊掛爐鴨子後，食烤鴨成爲風氣，而且價格甚昂，所謂「筵席必有塡鴨，一鴨值一兩餘」，即是其具體寫照。

首先在北京揚名立萬的，乃「便宜坊烤鴨店」之燜爐烤鴨，燜爐鴨之法，來自明宮廷，別名「南爐鴨」，其味極美，號稱「京中第一」，嗜之者趨之若鶩。等到楊壽山（字全仁）在同治三年（公元一八六四年）創建「全聚德烤鴨店」時，爲了互別苗頭，改用清宮之法，製售明爐烤鴨。

烤製明爐鴨之前，要經過宰殺、去毛、打氣、開膛、燙皮、塗糖、晾皮等工序。比如「打氣」，即是將鴨身吹鼓，爲的是使鴨皮綳起，無皺紋，所烤出來的鴨子，才會外皮光亮，顏色一致，入口即酥。只是打氣早已由口吹改成氣泵了。「塗糖」則是往鴨身上灑飴糖（麥芽糖）水，使烤出來的鴨子色澤棗紅、味道甜香。且鴨身入爐之前，還要從其體側刀口處，灌入八成滿的開水，這樣子入烤爐後，鴨身一旦被火烤，腹內即開水沸騰，形成「外烤內煮」之勢，此即「全聚德」掛爐烤鴨之所以外酥裡嫩的「祕訣」所在。

又，以往的掛爐烤鴨，均以質地較硬的棗木、杏木、桃木等質地堅硬的果木烤製，既取其果香，再則取其火旺無煙。不過，此法已爲北京市政府明令禁止，故現在全改成用向德國訂製、一次可烤四十隻鴨的大型電烤箱了。

此外，金陵的烤鴨在北傳之時，亦向南傳至廣東，此即廣州及香港賣「金陵片皮大鴨」的由來。然而，今日台灣粵菜館所售者，卻稱之爲「廣式片皮鴨」，讓人搞不清今夕是何夕啦！另，抗戰期間，金陵烤鴨的技術，也隨著政府傳往四川，質不變而名異，被稱爲「堂片大烤鴨」。

這回「全聚德」在台北遠東飯店「香宮」所推出的「名人套餐」，主秀當然是烤鴨。但見其師傅片鴨的架勢，已得「小如錢而絕不黏肉」的眞髓，望之滿盤油亮、棗紅，入口片片酥糯、味美。可惜作秀大於實質，溫度沒拿捏好，以致脆度不夠，多食會膩，幸好荷葉薄餅（註：老北京稱其為「片兒餑餑」）做得極佳，薄帶咬勁，捲上鴨皮或鴨肉，再伴以蔥段、甜麵醬，食之甚有風味。

事實上，「香宮」本身亦擅烤鴨（註：廣式片皮鴨），鴨身巨碩，色澤明亮，改以蒸全麥薄餅夾食，食之清爽，有味外之味。除此而外，我亦嚐過西華飯店「怡園中餐廳」所製作之廣式片皮鴨，其鴨在烘烤前，會先在鴨腹內刷上用薑、蔥、糖、八角、甜麵醬所製成的醬汁，乃其特色。誠然萬變不離其宗。即使它採用掛爐而不用烤箱，但鴨子少了填這道工序，終究不是那個味兒。

●怡園中餐廳（位於西華飯店內）
地址：台北市松山區民生東路三段一一一號二樓
電話：（〇二）二七一八六六六六

十里洋場 貴妃雞

把雞翅充當成舞姿曼妙的玉臂，上面附著的京蔥，則象徵著翩翩的水袖，而沉浸在撲鼻的酒香時，不正是楊貴妃醉酒時的感覺嗎？

起源於上海的貴妃雞，是一道融中、西燒法於一爐的佳餚。此菜因八年抗戰西傳入四川，成爲著名川菜；其後又輾轉傳往北京，變成一道京饌。不過，北京菜是以全雞製作，雖與上海菜及川菜皆寓有貴妃醉酒之意，但總及不上用雞翅製作的後二者，來得逼眞生動，食之興味盎然。

話說沿江濱海的上海，港汊縱橫，漁產豐饒，加上禽獸和各種菜蔬四季不絕，爲烹飪業者，提供了可觀的素材，隨著經濟發展，逐步形成自主性強的地方風味，當地人特稱其爲「本幫菜」，以別於後來另成一格的「外幫菜」。

自鴉片戰爭後，上海對外開埠，發展至爲迅速，號稱「十里洋場」，一躍而成國際都會。在中外客商雲集下，全國各幫之菜湧入，達十六個之多，宛如什錦拼盤，讓人目不暇給，此即所謂的「外幫派」。在經過長時間的融會交流、整合改造後，遂造就璀璨的上海菜，味走輕淡，講究層次，有美皆備，此即後人豔稱的「海派菜」。此菜系約在二十世紀三〇年代達到最高峰，「海派川菜」即爲當中重要的一支。

貴妃雞是由上海「陶集春川菜館」名廚顏承麟等創製。它的原名叫「燴飛雞」或「砂鍋京蔥雞翅」，因此一新創菜色，帶有濃郁的京蔥味和葡萄酒香，深受文人墨客及各方食家的喜愛。滬上的一些川菜館見狀，紛紛提供此菜，蔚成一股風潮。有位食家甚嗜此一美味，當時京劇泰斗梅蘭芳正以一齣《貴妃醉酒》走紅全國，他由此引發聯想，把雞翅充當成舞姿曼妙的玉臂，上面附著的京蔥，則象徵著翩翩的水袖，而沉浸在撲鼻的酒香時，不正是楊貴妃醉酒時的感覺嗎？乃提議將菜名「燴飛雞」取其諧音，改爲「貴妃雞」，座中客無不稱妙附和。從此之後，貴妃雞之名遂不脛而走，成爲十里洋場的叫座名菜之一，風靡于世。

製作此菜，須先把雞翅入炒鍋中，煸炒至斷血時，即倒入漏勺。接著把京蔥段煸成金黃色，再將雞翅回鍋，加料酒、醬油、清水、糖及拍鬆之薑塊燒沸。撇去其浮沫，即傾砂鍋內，加蓋封嚴，以微火燜酥。待揀去薑塊後，改用大火收汁，並倒入紅葡萄酒。等完全蓋好後，原鍋上桌供食。我曾嚐過此菜，口味馥郁，酥軟鮮嫩，確爲妙品。

有一次，我將貴妃雞的風味，告訴「上海極品軒餐廳」老闆陳力榮。他覺得此菜還可變些花樣，就將雞翅截頭去尾，只留腴嫩中段，起出裡面骨頭，塞入切段青蔥，再用醬汁滷透，滴紅露酒增香。酥軟入味，香美可口，熱食固然甚好，冷吃別有滋味，可登大雅之席，讓我讚不絕口。至於雞翅頭尾部分，則用枸杞和紹酒製作醉雞，滋鮮味爽，食味津津。

人的想像力至大，充滿著無限可能，在名廚的慧心巧手下，極爲尋常的雞翅，既能成席上之珍，也變化出各種面目，怎不令人拍案叫絕！

●上海極品軒餐廳
地址：台北市中正區衡陽路十八號
電話：（〇二）二三八八五八八〇

長沙「嶽麓書院」的正門口，懸掛著一副對聯，上面寫著：「唯楚有才；於斯爲盛。」把這兒說成是天下英才的薈萃之地。口氣之大，世罕甚匹。然而，事實勝於雄辯，倒沒有人認爲名過其實。畢竟，這裡不但造就了曾國藩、左宗棠等中興將相，也培育了王闓運等一流學者。光就中國的近代史觀之，的確也是當世無雙。

三楚粥品誇嶺南

作爲粥底的江瑤柱在未煲至湯渣而爽滑正嫩，尚留鮮味之際，即先行撈出，弄成碎絲後，與肉臊混，再持續攪打，使合而爲一，做出的豬肉丸滋味特鮮，嚼感尤其鬆嫩。

約在民國初年，幾個湖南人選在廣州的十七鋪，開了一家以粥品著稱的「三楚湖蘭館」。其中，最爲人稱道的是豬肉丸粥。此粥妙絕一時，套句香港人的詞兒，「確屬一流」。此後，接連在舊豆欄開設的「菩薩茶室」和在長堤開張的「綺霞酒家」，雖然所熬的粥，亦受食家讚譽，但純以粥的味道而言，即比「湖蘭館」遜色。顯然強龍硬是壓過地頭蛇，直讓三楚人士在嶺南獨領風騷。

煲粥多用白米，且以新米爲優。由於陳米不夠白，既乏賣相，復少黏性，故一些生意好的粥肆，或有口碑的攤檔，皆棄而不用，以免砸了招牌。粥品一般可分成三種，素的有「明火白粥」，「老冬瓜荷葉粥」及甜粥等；可葷可素的，則有米砂粥，熟米粥和爽米粥等；葷粥品目最繁，其著者有「及第粥」、「艇仔粥」、「魚雲粥」和牛、豬肉丸粥等。而在所有的葷粥中，除水、米之外，還得加點其他作料，如江瑤柱（即干貝）、豬大骨、大地魚等葷料一塊兒熬汁作底，行話稱爲「粥底」。且這粥底作料，待其鮮味釋出，通常都會捨棄，除非另有妙用。

「三楚湖蘭館」煲粥的粥底，用料別出心裁，以豬大骨、火腿骨與江瑤柱等爲主。但其江瑤柱在未煲至湯渣而爽滑正嫩、尚留鮮味之際，即先行撈出，弄成碎絲後，便充作其名品豬肉丸的部分材料，先與肉臊混，再持續攪打，使合而爲一。故其滋味特鮮，嚼感尤其鬆嫩，遠非凡品可比，由是傲視群倫，穩居一哥地位。

另，「菩薩茶室」和「綺霞酒家」的粥底，則去火腿骨，改用大地魚，其味亦甚鮮，惜味走輕靈，即使淡而雅，卻少醰厚味，終遜其一籌。究因大地魚容易取得，現仍爲廣州、香港和澳門的食肆、酒家所取法。

目前以「粥麵專家」標榜的食肆頗多，卻少在粥底上用心，徒以嘩寵取勝，令人不勝唏噓。看來「三楚湖蘭館」的極鮮至美之味，已成廣陵絕響，只能留待後人追憶了。

熱辣麻燙水煮牛

色澤紅亮，肉質細嫩，麻辣燙鮮，辣香四溢。

川中名餚的水煮牛肉，原是四川自貢地區著名的地方風味，以黃牛肉在滷湯中煮製而成。其麻辣燙嫩，鮮香適口的滋味，深受饕客歡迎，享譽大江南北。

這款牛肉菜之所以出現，實與井鹽的生產，有著密切的關聯。早在戰國時期，巴、蜀就成了中國井鹽的主要產地。起先是大口淺井，全靠人力採滷。後來隨著鑿井技術不斷的發展，到了北宋初期，榮州（包括今自貢市貢井區一帶）已出現井口小、井身深、滷水多的竹筒井。

此井無法人力採滷，於是改用畜力，尤其是牛力車採滷。從此之後，牛成了井鹽生產中的主要動力。當時的自貢，號稱是：「山小牛屎多，街短牛肉多，河小鹽船多，路窄轎子多」，大量生產井鹽，行銷中國各地。

而牛隻的多少，則是鹽業興盛的重要標誌。清代咸豐到同治年間，自貢鹽業鼎盛時，即有鹽井五千餘眼，役牛數萬頭。長久以來，役牛的更新，一直爲當地之飲食業者，提供了豐富的牛肉資源，由於淘汰的役牛數量多，價格低，牛肉自然成了鹽工們的主食。光是一個小小的自貢，經營牛肉的店舖，至少有五十家，簡直成了「牛街」。

最早的水煮牛肉，只是割一塊牛肉，洗淨之後切片，投入罐內滾熱的鹽水中，加花椒或幾隻乾辣椒煮熟來吃，覺得麻辣夠味，遂在民間流傳。後經歷代廚師改進提高，已與原製大不相同。等到二十世紀七、八〇年代，水煮牛肉已成川中名饌，還曾經大大露臉，爲有「一菜一格，百菜百味」之稱的川菜，揚眉吐氣一番。

事情發生於一九八八年五月，當時在中國所舉行的第二屆全國烹飪大賽上，四川名廚劉大東以水煮牛肉獻藝，成品色澤紅亮，肉質細嫩，麻辣湯鮮，辣香四溢，因而技驚四座，出足風頭，載譽返川。此菜由是名播五湖四海。

當下製作水煮牛肉時，先把黃牛肉洗淨切片，盛於碗內，另加鹽、料酒、濕澱粉拌勻。接著把蒜苗、青蔥切段，萵筍切片備用。炒鍋置旺火上，下菜油燒至滾燙，入乾辣椒段，炸到色呈棕紅，隨即下花椒、豆瓣醬煸炒，再下蔥、蒜苗段、萵筍片炒勻。然後添肉湯，燒至七成熟，下牛肉片，以筷劃散，待肉煮到伸展發亮，即起鍋裝碗，淋上辣椒油，撒花椒粉即成。如見花椒顆粒，就是技不到家。

由水煮牛肉衍生而成的水煮魚，用的是草魚片，細嫩或有過之，但一見土味和魚刺，即成下品。每當品嚐水煮牛肉時，我必請店家另煮一碗去汁白麵條，食畢了牛肉，再下麵條和，呼嚕順喉下，登時全身暖。若論盪氣迴腸，無菜可出其右。

救急名饌
太后讚

此菜妙在香味濃郁，栗肉細膩，清鮮爽滑。直接食用，味固然妙極，如果充作麵、飯的澆頭，拌和著吃，也是好得可以，蔥香四溢，糊爛熟透，腴滑順喉。

清朝末年，山西晉城出了一道救急菜，雖其起源說法不一，但因融入地方特產，以致成爲晉省名菜。既經濟且實惠，頗富地方色彩，理當記上一筆。

第一說甚平凡。原來當地出現天災，禾麥顆粒不收，百姓無以爲生，乃取現成的野生大蔥，加上栗子，煮一大鍋果腹，聊以充饑度日；後經廚師添入豬肉絲等輔料，遂成可口佳餚，於是流行全省。非但平日享用，還能當筵席菜。

第二說精采多了。當八國聯軍攻入北京，慈禧倉皇逃往西安，打算路過澤州（現山西晉城），先遣人員早至，諭州官備「御膳」。州官急令家廚燒四個菜獻上。廚師烹完三道菜後，發現廚房只剩下大蔥（註：晉城縣巴公鄉盛產大蔥，乃山西著名的特產。此蔥長尺餘，蔥白肉厚心實，具有香濃、辣烈等特點，乃蔥中的上品）和一些栗子，遂急中生智，將兩者混在一起燒，一不小心燒糊，又來不及重做，只好大膽端出，內心惴惴不安，不料慈禧食罷，居然讚不絕口。從此之後，山西的廚師們，便以此作基礎，進行研究改良，加上肉絲等料，湯鮮蔥香，滋味更勝。乃成爲山西高檔宴會上必備菜餚之一。民間即使料省工減，仍是一道可口的家常菜，方便人們打打牙祭。

製作這道栗子燒大蔥時，須將大蔥剝皮，除去根鬚，切去蔥頭而留蔥白，再一切爲四瓣，先以開水汆燙，隨即瀝去水份，下油鍋炸至色呈金黃時撈出，再用開水略燙一下，撈入碗內備用。等到蔥絲、蒜片爆出香味，即添加豬肉絲（註：酌用牛、羊肉絲亦可）煸炒出鍋；另，取蔥段、精鹽與醬油略炒幾下，加調味炒和出鍋，盛盤備用。然後將栗子切成片，置於蒸碗內四周，再把炒好的肉絲放入碗正中，其上整齊舖上蔥段，撒些開洋、白糖，上籠蒸至熟透，最後將燒好的大蔥扣入蒸碗，加適量的高湯即成。

此菜妙在香味濃郁，栗肉細膩，清鮮爽滑。直接食用，味固然妙極，如果充作麵、飯的澆頭，拌和著吃，也是好得可以。且那蔥香四溢，糊爛熟透，腴滑順喉的絕佳口感，說句貼切點的話，怎一個爽字了得？

家母所燒製的，不用栗子，改以豆腐，省掉蒸的工序，加點鹹鮭魚鯗，先以旺火燒透，接著封嚴鍋蓋，再用文火慢炖，色彩繽紛，眾味融合，味道鮮到不行。我每見此必不能自己，直吃到飽嗝連連方休。

燒南安子好采頭

我們老祖宗早就明白「以臟治臟」、「以形補形」和「以類補類」的道理。

曲阜孔府傳統名菜之一的燒南安子，名稱古怪，口味獨特。雖其出處有二，但皆言之成理。第一說爲南安子乃中藥胖大海的別名。由於此菜燒好後，主料的雞心和其形狀相類，故孔府內的廚師，將之命名爲「燒南安子」。

另一說則是明世宗嘉靖年間，爆發安南（今越南）之亂，詔令南寧伯毛伯溫率部征討。軍行之日，設宴餞行。席間，皇上金口一開，即席賦詩一首。詩云：「大將南征膽氣豪，腰橫秋水雁翎刀。風吹鼉鼓山河動，電閃旌旗日月高。天上麒麟原有種，穴中螻蟻豈能逃？太平待詔歸來日，朕與先生脫戰袍。」意氣風發，不愧佳作，遂被收錄於《千家詩》內。世宗賦詩既畢，興致依然不減，御廚敬獻一菜，以往不曾見過，便乘興問道：「這是什麼菜？」侍膳的大璫（註：太監首領）爲討好口采，乃稟報說：「這叫『燒南安子』。」世宗聞言大喜，馬上下令打賞。據說此御廚本是山東曲阜人氏，後受聘於孔府，此菜遂在衍聖公府流傳下來。

此外，嘉靖皇帝生前雖未去曲阜向至聖先師致祭，但曾頒賜「恩賜重光」御筆匾額一塊，至今仍高懸在孔府二門的頂上，故此門便稱作「重光門」。這門一向關閉，只在迎接聖旨及進行祭祀大典時，方才開啓，儀式十分隆重。因而孔府保留此菜，亦寓有合府上下感戴浩蕩皇恩之意。

製做燒南安子時，先將嫩雞心（一般是十個，鴨心亦可用）切去心根，於心尖欹十字刀，置碗中用醬油、料酒略醃。待熱油澆淋後，心花隨即張開，色呈紫紅，形似花朵。接著配以香菇、荸薺及竹筍（三者均須切片），先翻炒均勻，再反扣即成。造型很上相，口感極脆嫩，其弦外之意，尤耐人咀嚼。

我們老祖宗早就明白「以臟治臟」、「以形補形」和「以類補類」的道理。但西方的醫學界卻遲至公元一九三一年，才懂得這種細胞（又稱組織）療法。事實上，它的基本理論和近代營養學上的理論相通，乃是運用其他動物同性質的組織器官，來彌補人體本身的不足，使各臟器蛋白質中的氨基酸，能藉由同類相求的法則，予以充分吸收（按：蛋白質是各器官成形的基本組織，它須經分解成氨基酸後，始吸收入血，再輸送全身，任全身各臟器的細胞，取其相近而達到補益效果。畢竟，不同類的氨基酸，該細胞不見得需要）。因此，吃心即可補心。所以，本菜頗有食療補益之功，或許也是一道「救心」的好料理哩！

滿洲點心
薩其瑪

製作薩其瑪最後的兩道工序，分別是：切成方塊，隨後碼起。而「切」的滿語爲薩其非，「碼」的滿語爲瑪拉木壁，薩其瑪顯然是這兩個名詞的縮寫。

在台灣常見的「沙」其瑪，關於其名，各地流傳極多。它本名「薩其瑪」或「賽利瑪」，有人聯想力豐富，謂此點心乃一愛騎馬的薩將軍最愛，故名。又有人稱它爲「殺其馬」，稱此一點心爲某地人民殺了騎著馬的入侵者後，爲慶祝其勝利而製作的。香港人則暱稱爲「馬仔」；至於台灣寫成沙其瑪，應是取其音似而省寫之故。

談到薩其瑪的出處，首見於《光緒順天府志》，其上記載著：「賽利馬爲喇嘛點心，今市肆爲之，用麵雜以果品，和糖及豬油蒸成，味極美。」名作家周作人的看法，顯與前者不盡相同，所撰寫的〈薩其瑪〉一文中，即指出薩其瑪乃滿洲音，是一種滿人常吃的點心，而且「北京到了冬天，薩其瑪和芙蓉糕便上市了。《燕京歲時記》云：『薩其瑪乃滿洲餑餑，以冰糖、奶油合白麵爲之，形如糯米，用木烘爐烤熟，切成方塊，甜膩可食。芙蓉糕與薩其瑪同，但面有紅絲，艷如芙蓉耳。』現在南方也有這點心了。」

周文雖已拈出其名稱的出處及製作的方法，卻未道出其得名的原因。原來製作薩其瑪最後的兩道工序，分別是：切成方塊，隨後碼起。而「切」的滿語爲薩其非，「碼」的滿語爲瑪拉木壁，薩其瑪顯然是這兩個名詞的縮寫。

薩其碼的製法爲，以雞蛋清、奶、糖調麵粉成糊狀，用漏勺架於油鍋上，將麵糊炸成粉條形，接著在模子中，以蜂蜜黏壓成型，略蒸之後，上面灑點芝麻、瓜子仁（註：加青紅絲，即爲芙蓉糕），用刀切成長方塊即成。由於製造時調有蜂蜜，最爲滋潤，日久不會乾燥；且因麵中加雞蛋清調成，過油稍炸，即是中空外直的細條。是以入口鬆化，幾乎不用咀嚼，更因充滿著蛋香、奶香、蜂蜜香，形成一種特別之美味，乃其他糕餅所不能比擬的。

自滿人入關稱帝後，八旗子弟散居各地，經滿、漢之間不斷的交流，文化和習俗日漸匯合，薩其瑪遂流行中土，只是譯成漢語叫「糖纏」罷了，此可見於《清文補匯》一書。然而，糖纏終究比不上薩其瑪來得響亮順口，因此，人們還是習慣叫它本名，一直沿稱至今。又，薩其瑪因與芙蓉糕形狀相似，口感雷同，只是色呈金黃而已。所以，有人另給它取個名字，名喚「金絲糕」。

而今港、台兩地仍有薩其瑪可食。香港早在二十世紀六〇年代開始流行賭馬，相信口采，好撞彩數，於是對俗稱「馬仔」的薩其瑪情有獨鍾，認爲吃馬仔可以贏馬仔云云。且在老式茶樓飲茶，一度還推出薩其瑪和蝦餃、燒賣一起叫賣，頗受食客歡迎。台灣現仍有不少餅舖供應此一甜點，有人別出心裁，硬推出爽脆口感者，眞是不倫不類，讓人啼笑皆非。

菜餚在精不在多

上菜亦要注意先後次序及客人狀況。務必使「鹹者宜先」；「有湯者宜後」；「度客食飽，則脾困矣，須用辛辣以振動之；慮客食飽，則脾困矣，須用酸甘以提醒之。」

中國古代的筵席，起緣自祭祀和大典。據說上古的虞舜時期，即開始萌芽，距今已超過四千年。由於它具有聚餐式、規格化和社交性這三大特徵，故與一般的家常菜，不論在取材、燒製及數量上，均有著極爲明顯的區隔。

筵席菜在清朝時，發展至最高峰，檔次最高的官府菜，像孔府的滿漢席、全羊席、燕菜席、魚翅席，即爲其中的佼佼者。然而，當時多半只注重形式，很少去正視實質內容。故既是文學大家也是大美食家的袁枚，就對這種徒務虛名的酒席，不屑一顧，並在某名著《隨園食單》裡，大加撻伐，不留情面。他指出：「貪貴物之名，誇敬客之意，是以耳餐，非口餐也」；而那專講排場的「今人」，尤其「慕『食前方丈』之名，多盤疊碗，是以目食，非口食也」。

另，在筵席吃的菜，他最反感的，則爲：「廚人將一席之菜，都放蒸籠中，候主人催取，通行齊上」，因這種菜的滋味，壓根兒比不上「現殺現烹，現熟現吃」。而主人的態度，他也非常重視，痛斥那些「以箸取菜，硬入人口」的人，覺得「有類強姦」。因此，他主張「宜碗者碗，宜盤者盤」；「各用所長之菜，轉覺入口新鮮」；「憑客舉箸，精肥整碎，各有所好，聽從客便」。此外，上菜亦要注意先後次序及客人狀況。務必使「鹹者宜先」；「有湯者宜後」；「度客食飽，則脾困矣，須用辛辣以振動之；慮客食飽，則脾困矣，須用酸甘以提醒之。」

袁枚以上的見解，實已啓改善既往筵席的先聲，但在菜量的改進上，則遲至晚清，方見端倪。據徐珂的《清稗類鈔》云：「無錫朱胡彬、夏女士（曾擔任商務印書館於一九一五年創刊之《婦女雜誌》的編務工作）嘗遊學於美，習西餐，知我國宴會之肴饌過多，有妨衛生，且不清潔，而糜金錢也。乃自出心裁，別創一例，以與戚友會食，視便餐爲豐，而較普通宴會則儉。」

她這款新式的筵席大抵爲：酒用紹興酒，每客一小壺，視量自飲；四深碟（形似小碗）分別是芹菜拌豆腐絲、牛肉絲炒洋蔥絲、白斬雞、火腿；大菜則是雞脯冬筍磨菇燉蛋、冬筍片炒青魚片、海參香蕈鞭尖白燉豬蹄、冬筍片炒菠菜、雞絲火腿冬筍帶高湯炒麵、冬筍燉魚圓、栗子蘿蔔小炒肉、腐衣包金針木耳煎黃雀、江瑤柱燉蛋。一湯二點乃雞血湯、湯糰和蓮子羹。至於兩配飯小菜爲白腐乳、醃菜心；最後的水果則是蜜橘。除此而外，每個人的食器爲一只酒杯、兩雙筷子（含公筷）、三個食碟、三把湯匙及一塊餐巾。且在進餐中，宜更換四次。如光從菜單的內容和服務的品質來看，的確符合當下經濟實惠與自然健康的趨勢，難怪漸爲國人所接納，成爲上海市筵席的主流格局。

俗話說得好，「寧吃好桃一口，不食爛杏一筐」，筵席理應如此。所以，當閣下赴宴時，撐肚皮的吃法，早已不合時宜；還不如抱著試味的心情，好好去享受一頓美味吧！

絕代雙驕兩腰花

腰花在軟炸過後，剛好斷生，捲曲成環，形如核桃。因其必須趁熱快食，才能「不軟不硬，咀嚼中有異感」。

一九九七年初，我和大美食家逯耀東夫婦等人，同在港、九品嚐美食，有次享用的地點，乃道地的北方菜館「北京酒樓」，由逯老親自點菜。其中，就有一道核桃腰，這是我平生頭回吃到，印象極爲深刻，至今難忘其味。

曾在《雅舍談吃》讀過這麼一段，頗有意思。作者梁實秋稱：「偶臨某小館，見菜牌上有核桃腰一味，當時一驚，因爲我想起『厚德福』名菜之一的核桃腰。出於好奇，點來嚐嚐。原來是一盤炸腰花，拌上一些炸核桃仁。軟炸腰花當然是很好吃的一道菜，如果炸得火候合適；炸核桃仁當然也很好吃，即使不是甜的，也很可口。但是核桃仁與腰花雜放在一個盤子裡，則似很勉強。一軟一硬，頗不調和。」

然而，我所嚐的核桃腰，絕對不是「核桃與腰花合一爐而治之」的燒法，但也不似梁老所講的：「吃起來有核桃的滋味，或有吃核桃的感覺」，而是腰花在軟炸過後，剛好斷生，捲曲成環，形如核桃。其做法則一如「厚德福」，乃「腰子切成長方形的小塊，要相當厚，表面上縱橫劃紋，下油鍋炸，火候必須適當，油要熱而不沸，炸到變黃，取出蘸花椒鹽吃」，是以不旋踵即整盤掃光，熱呼呼地好不痛快。

梁老並感慨地說：「一般而論，北地餐館不善治腰。所謂炒腰花，多半不能令人滿意，往往是炒得過火而乾硬，味同嚼臘。所以，有些館子特別標明『南炒腰花』，但南炒也常是虛有其名。熗腰片也不如一般川菜或湘菜館做得軟嫩。」由此觀之，「厚德福」的這道核桃腰，在北地就顯得極爲出色，足列豫中名菜之林。

另，依他個人的經驗，福州館子最擅長炒腰花，「腰塊切得大大的、厚厚的，略劃縱橫刀紋，做出來其嫩無比，而不帶血水。勾汁也特別講究，略帶甜意。我猜想，可能腰子並未過油，而是水汆，然後下油鍋爆炒勾汁。這完全是竈上的火候功夫。此間的閩菜館炒腰花，往往是粗製濫造，略具規模，而不

梁實秋

禁品嚐，脫不了『匠氣』。有時候以海蜇皮墊底，或用回鍋的老油條墊底，當然未嘗不可，究竟不如清炒」。此語很有見地，堪稱一針見血。

我後來再度光顧「北京酒樓」，因港府已下令禁食內臟，當然不再供應核桃腰了，惆悵久之。當時，台北尚有一家名不見經傳的福州小館「陳家發」（現已歇業），還能燒出滋味不俗的炒腰花。它是將豬腰、海蜇皮、回鍋老油條和洋蔥一起翻炒，再勾酸甜芡汁，嫩脆爽腴互見，惹我垂涎三尺。不過，自該館歇業，環顧大台北，縱使仍有福州菜館，但已功夫不純，絕非昔日佳味，徒亂人意而已。

茶葉蛋的小插曲

「用沸水略煮，撈入冷水中，將蛋殼敲碎，放入沙鉢中，加茶葉、鹽、酒、水等，以旺火燒沸，加蓋，用小火慢煮。」

名作家李敖曾披露一封塵封達四十年之久的信件，那是當年胡適要寫給他但未寫完的遺稿。在這封信裡，胡適對李敖撰寫的〈播種者胡適〉一文，提出指正。譬如他說：「此文有不少不夠正確的是，如說我在紐約『以望七之年，親自買菜做飯，煮茶葉蛋吃』，……其實我就不會『買菜做飯』……。」

照胡適自己的現身說法，並未否認有煮茶葉蛋之舉。只不知他老人家所煮的茶葉蛋，究竟是採用而今通行的醬油煮呢？還是純用鹽同燒的呢？這倒挺有意思，引發我的興趣，有心就此探討一番。

台灣目前販賣茶葉蛋的地方甚多，大街小巷均可見其蹤跡。依據我的觀察，全是以醬油當配料，整鍋烏七八黑的，滋味雖有好有壞，但就賣相而言，都不中看，尚未送進口中，已先打些折扣。也正因爲如此，益發讓我想念那以鹽燒出，且渾身黃明的上好茶葉蛋了。

清代美食家袁枚在《隨園食單》一書內，收錄了當時茶葉蛋的做法，其原文爲：「雞蛋百個，用鹽一兩，粗茶葉煮，兩隻線香爲度。如蛋五十個，只用五錢鹽，照數加減，可做點心。」乍看之下，難明其旨。大陸特一級烹調師薛文龍，爲了還原其本來面目，經反覆研究它的做法後，採用五十枚雞蛋爲主食材，配料爲六十公克茶葉，調味料則爲鹽七十五公克、紹興酒三十毫升和四粒八角。而在烹製前，先洗淨雞蛋，「用沸水略煮，撈入冷水中，將蛋殼敲碎，放入沙鉢中，加茶葉、鹽、酒、水等，以旺火燒沸，加蓋，用小火慢煮。」

那麼燒兩枝香須耗時多久呢？薛氏爲解開心中疑竇，便走訪江南一些廟宇，向法師們請教。法師的說法全都一致，即古時寺廟內未置時鐘，和尚便以敬香作爲計算時間的依據。按：一天分成十二個時辰，每個時辰敬香一枝，線香燒盡即時辰畢。以此類推，「兩枝線香」約四個鐘頭。故經小火煮四小時後，雞蛋已「愈煮愈嫩」，食時帶殼撈起，現吃現剝為妙。

由於火候十足，自然入味殼鬆，蛋白好吃花紋，滷汁香味滲透，蛋黃酥糯緊細，隔戶便聞其香，現乃金陵地區最著名的風味小食之一，實為蛋中雋品。閣下依式製作，將使鹽法重現，讓人耳目一新。

不過，除鹽燒外，袁枚另指出：「加醬油煨亦可。」可見他並未反對用醬油煮茶葉蛋，而且手法相同。似乎戲法人人會變，偶爾換個花樣，只要用心烹調，照樣勾人饞涎，平添生活情趣。

諺曰相女配夫記曰儗人必於其倫烹調之法何以異焉
凡一物烹成必需輔佐要使清者配清濃者配濃柔者
配柔剛者配剛方有和合之妙其中可葷可素者蘑菇
鮮筍冬瓜是也可葷不可素者蔥韭茴香新蒜是也
可素不可葷者芹菜百合刀豆是也常見人置蟹粉於
燕窩之中放百合於雞豬之肉毋乃唐堯與蘇峻
對坐不太悖乎亦有交互見功者炒葷菜用素油炒素
菜用葷油是也
味太重者只宜獨用不可搭配如李贊皇張江陵一流
須專用之方盡其才食物中鰻也鱉也鰣魚也牛羊也皆
宜獨食不可加搭配何也此數物者味甚厚力量甚大而

山西名菜過油肉

成菜色澤棕黃，滋味香酥軟嫩，乃佐酒下飯雋品。但在調治之時，須謹記蛋與麵粉要調勻，下醋的時機要快，油溫度更要拿捏得好。

在豬肉中，肉質柔嫩，口感極佳，且結締組織甚少的裡脊肉（通常寫作里肌肉），一直是眾饕客眼中的珍品。其烹調成菜的手法頗多，最常見者爲煎、炒、蒸、白灼和燒烤等。一般而言，廣東人習慣用作叉燒和豬柳排之用。至於晉省人士，不消我多說，自然是燒製名饌過油肉了。

一說早在南北朝時，山西臨汾一帶的官府，即以過油肉充當名菜，後來流傳至太原。到了宋代，已成飲食業的常饌，不論是餐館或食攤，均可見其蹤跡。明代之時，傳入北京，又廣泛流傳各省，許多地方都有製作，手法各有千秋。另一說則是此業起源於明朝，原是官府家中的一道名菜，其後在太原一帶民間落戶生根，再逐漸傳播至山西其他地區。而今此餚在江蘇、上海和浙江等地，尚可嚐到佳品，成爲一款既可登席薦餐，亦能家常享用的可口佳餚，嗜此味者，大有人在。

不過，山西的過油肉，從選料到製作上，皆與眾不同，除烹製精緻外，亦具有濃厚的地方特色。

以肚大能容自居的逯耀東，生前在台灣大學歷史系開個「中國飲食史」的課程，聽者雲從，膾炙人口。他自稱「自幼嘴饞，及長更甚」，同時「味不分南北，食不論東西，即使粗蔬糲食，照樣呑嚥，什麼都吃」。尤有甚者，「對於吃過的東西，牢記在心，若牛嚙草，時時反芻」。因此，在他的著作中，對出自山西的過油肉，由於切身經歷、體會，乃寫出了一段「情味自在其中」的描述，挺有意思。

逯氏寫道：「幼時在家鄉，四外祖母端過一碗『民生館』（註：在徐州市）的過油肉給我吃，肉片嫩軟，微有醋香。這些年在台灣『山西餐廳』，以前的糝鍋（註：指「徐州啥鍋」）和沙蒼的『天興居』，都有過油肉，但總不是那個味道。……那次去西安，然後更上陝北到延安，一路上都吃這道菜，卻都不佳。當然，『鳳仙酒家（註：亦在徐州）』，已不復當年『民生館』的口味了。倒是去年在北京的『泰豐樓』，竟吃到尙可的過油肉。」

製作此菜時，先將裡脊肉切成大薄片，用雞蛋、麵粉捲勻抓透；炒鍋置旺火上，加油，燒至七分熟，將肉片下鍋，以筷子劃散，使其不相粘連，待色呈金黃時，隨即撈出。另，在鍋內熱油中，下馬蹄蔥（將大蔥切馬蹄狀）、薑末、蒜片煸炒至香，再放焯過的筍片（或玉筍片）、木耳、菠菜和肉片，加醋、醬油和細鹽翻炒。接著勾薄芡，再翻炒幾下，淋些明油，出鍋裝盤即可。

成菜色澤棕黃，滋味香酥軟嫩，乃佐酒下飯雋品。但在調治之時，須謹記蛋與麵粉要調勻，下醋的時機要快，油溫度更要拿捏得好。果能如此，雖不中亦不遠了。

急中生智杜侯雞

柱侯雞一舉成名後，人們對其製作時的特殊配料（即柱侯醬）極感興趣，經歷代廚師的繼承和不斷改善下，柱侯醬更加濃郁芳醇，其系列食品，至今已發展出六十餘種。

位於廣東省的佛山鎮，乃中國四大鎮之一，向以木製漆器聞名。距今一個半世紀以前，由於一位廚師一時的靈感，發明一款雞饌，居然名噪一時，盛譽迄今不衰，遂有「未嚐杜侯雞，枉作佛山行」的名諺，成爲當地在食林史上的一大貢獻。

話說清同治年間，本在佛山祖師廟前專賣滷水牛雜的梁杜侯，其好手藝被鄰近的「三品樓酒家」老闆相中，以高薪聘爲司廚。適逢一年一度的廟會，當地人山人海，

「三品樓」從早到晚供不應求，忙得不可開交，而採辦來的食材，幾乎賣個精光。正準備打烊時，一群仕紳連袂而來，但酒樓存糧已罄，只剩籠中幾隻雞，眞個是窘態畢露。就在這節骨眼上，偏偏有客人表示，對吃雞興趣缺缺。老闆不想開罪於他，急找梁大廚商議，想個轉意的妙方。梁柱侯心生一計，且有意大顯身手，藉以博貴客歡心，便試製一款新餚，於是這急就章的「爆醬浸雞」，竟成了應急好菜。

此菜的做法爲：先將原油老豉壓爛成醬，在燒熱瓦罉後，下油把醬爆香，再加上湯煮沸，用剁好的雞慢火浸透，隨即斬件裝盤；接著將雞骨等熬汁，再把其汁淋上雞面，然後以蔥白佐食。待燒好後，老闆端出饗客，其骨軟肉滑、色味俱佳的食製，馬上贏得舉桌一致讚美。從此「爆醬浸雞」之名不脛而走，成爲酒樓鎭店之寶。人們爲了點菜方便，乃以人名菜，稱其爲「柱侯雞」。

杜侯雞一舉成名後，人們對其製作時的特殊配料（即杜侯醬）極感興趣，經歷代廚師的繼承和不斷改善下，杜侯醬更加濃郁芳醇，其系列食品，至今已發展出六十餘種，蔚成大觀。同時以此揚名的「三品樓酒家」，更不乏支持者與擁護者。前清一舉人曾以八卦和時辰，撰一廣東方言諧音的對聯贈之。其上聯爲：「乘兌入離酉辛家癸丁不論」，下聯爲：「飲乾出艮卯丑物午未俱全」，擴批則是「易牙妙手」，可謂讚譽備至。

另，有人塡詞一闋頌揚，其詞曰：「三品樓，三品樓，嘖嘖人言讚杜侯。焗雞乳鴿大鱔豬頭，水魚山瑞鵝鴨兼優。」人菜樓三者同享盛名，稱得上是個三贏局面。

人的潛力無窮，能夠急中生智，即是其中一例。當年即興製作的杜侯醬，現已大量瓶裝上市，成爲嶺南一大名牌食品，取此燒菜，甚爲簡便，因而廣受歡迎。這種熱烈景況，絕非當年的梁杜侯所能夢見及想像得到的。所以，當閣下靈機一閃之際，何妨試烹新味，說一定也會風靡一時，進而垂譽百世哩！

凍飲白酒透心涼

凍飲白酒搭配醉雞、嗆蟹、嗆蝦、燒雞、羊羔、魚凍、芥拌芹菜、松柏長青、黃金蛋、醉元寶、肴肉、風雞、燻魚、夫妻肺片等涼菜，因質相近且氣相投，頗能相得益彰。

如就飲酒的習慣而言，西方人的酒品，以冰過再飲較爲常見，像紅葡萄酒、白葡萄酒、香檳、啤酒等均是。東方人的酒類，早年如黃酒（包括女兒紅、香雪、善釀及花雕等）、清酒，甚至是燒酒（即白酒），莫不燙了再喝。大致說來，凍飲的目的，在於凝香清冽、爽口沁脾，而且可以提振味蕾、繚繞唇舌；燙飲正好相反，既可純淨酒質、激發香氣，且能煖中溫胃、促進食慾。因此，前者多應用於炎夏，後者每見於嚴冬，氣候使然也。

自上個世紀中葉起，凍飲成了一種趨勢，而且愈演愈烈，不僅已成氣候，同時漸居主流。影響所及，連平日以常溫飲之的威士忌、伏特加、白蘭地（註：亦有在飯後，以手托杯使微溫再飲者）等，不是加冰塊，令其味淡或降低酒度，就是冰鎮或冰凍，俾產生一種冷凝幽絕的效果，大大增強飲酒下菜的目的。其中，又以凍飲最受矚目，變化多，氛圍大，反差強，在在引人入勝，樂此不疲。

酒度逼近六十度，與單一麥芽威士忌相近的白酒，早年以金門、馬祖、東引、台灣煙酒公賣局所出產的高粱酒或大麴酒爲主，金門所產者，尤膾炙人口，最負盛名。而在飲用時，以物力維艱，多是配花生米，切幾個滷菜，再來碗熱湯，有時考究點，會來些熱炒，甚至是火鍋。另，在溫度方面，一律是常溫，有時爲了拼酒或增量，就會加冰塊或摻水，莫不習以爲常。

自三十幾年前大陸的白酒大量「投奔自由」（即走私來台）以來，非但品目繁多，而且香型、度數俱全，使好飲白酒人士，無不競奔其間，以一品或一拼爲快。同時台灣亦因經濟起飛，菜色五花八門，大增飲酒之樂。其絕對的影響，即以冰凍的白酒搭配滾燙的麻辣火鍋，不光冬日盛極一時，且在夏天津津恣享。綜觀其緣由，就出在冰凍後的白酒，取出上桌時，猶自結滿白霜，逐漸沁出水滴，視覺動感均妙，而其徐徐倒入杯中之際，凝縮如油，滑亮冰清，光采非凡。其最特別之處，在於入口更醇，渾身舒泰，且與麻辣火鍋一經融合，滋味甘甜，嗆辣全消，端的是一食難忘。其能風行至今，確有獨特魅力，驚豔四面八方。

當時所凍飲的白酒，多爲高酒度，鮮少低度酒。唯爲了打開白酒市場，吸引年輕族群，白酒開始低度化，也打進雞尾酒這個區塊。像金酒公司即致力於此，製作「風」的調酒手札，推出六款調酒，分別是下午的風、甜的記憶、夜襲、戀戀風塵、中央坑道及思念，由於新穎別致，引起陣陣漣漪，造就一股風潮。然而，我個人認爲欲在夏天恣飲凍酒之樂，最好是喝以三十八度金門高粱酒所凍飲者。

炎炎夏日，胃口難開，暢飲啤酒配上燒烤、小食或在居酒屋喝冰鎮清酒搭配燒烤、天婦羅、壽司等，固然稱快一時。但論餘味雋永，沁人心脾，進而淋漓盡致，我想凍飲白酒搭配一些醉雞、嗆蟹、嗆蝦（一名滿檯飛）、燒雞、羊羔、魚凍、芥拌芹菜、松柏長青、滷味、黃金蛋、醉元寶、肴肉、風雞、燻魚、夫妻肺片等涼菜時，因質相近，且氣相投，頗能相得益彰，食罷其味津津，自亦不在話下。

如果搭配熱菜，倒是無所不宜，就以家常菜來說，像乾煸四季豆、爆雙脆、芋羼肉、紅糟鰻、乾炸里肌、過油肉、西坡蛋、粉蒸肉、豌豆雞絲、白灼牛肉、蠔油雞片、客家小炒等，都很合宜，淺酌慢斟細品，堪稱樂趣無窮。

末了，總少不了要有湯汁佐飲，在此三伏熱天，除前面提到的麻辣火鍋外，我最推薦酸菜肚片湯下酒。以清配清，酸鮮合度，味爽酒洌，連盡數杯，不亦快哉！

冰肌玉質
炒豆莛

「豆芽菜使空，以雞絲、火腿滿塞之。嘉慶時最盛行。」

天下之事，無奇不有。即使是山珍海味，也未必對人胃口。有時候，反而最不起眼的四時可生蔬菜，竟可製成一道應急佳餚。顯然人世間的事，本就沒個準兒。

話說乾隆將公主下嫁孔府後，便和「天下第一家」結爲親家。皇上心疼愛女，在他下江南時，不免繞道探視。衍聖公爲了滿足天子的口腹之慾，絲毫不敢怠慢。於是孔府內「一日三餐，進席開宴」的小廚房，自然全力承應，使出渾身解數。但見山珍爭奇、海錯競香，佳餚魚貫而上，讓人眼花撩亂。不料皇上沒有胃口，壓根兒沒動過筷子，這可急壞了在一旁侍膳的衍聖公，忙令廚師設法，只盼上邀天眷，龍口能開。

廚師臨危受命，突然靈機一動，把綠豆芽掐頭去尾，接著滾水一焯，再用幾粒花椒爆鍋，然後將豆芽略加煸炒，立刻盛盤獻上。而在忙亂中，花椒沒有揀淨，一派質樸天然，更顯「冰肌玉質」。乾隆頗感新鮮，便問菜裡頭的黑粒是什麼東西？衍聖公回秉這是用來提味的花椒。或許出於好奇，皇帝嚐了一口，竟然食慾大增。在掃光這盤後，越吃越香，又進了些好菜。頓使衍聖公如釋重負。日後他想起這道菜既使自己脫困，更蒙皇上讚賞，的確意義非凡，爲了永誌不忘，賜名「油潑豆莛」，遂成孔府常饌，一直留傳下來。

乾隆皇帝

富貴人家的飲食，講究踵事增華，於是精緻費工的「鑲豆莛」便應運而生。據《清稗類鈔》上的記載：「豆芽菜使空，以雞絲、火腿滿塞之。嘉慶時最盛行。」其製法不外先把豆莛氽燙，浸冷水瀝乾後，再用牙籤將其逐根掏空，最後在空隙中填入雞肉茸或火腿末，使有紅、白之別，隨即以高湯加鹽清炒而成。如依孔府廚師的現身說法，需二人同做半天，其量始足一盤。這道菜的費工耗時，由此可見一斑。

不過，戲法人人會變，巧妙各有不同。另一款官府菜「青白蛇」，亦深受世人歡迎，其做法爲在豆莛內鑲入香菜梗，因其形色似青、白二蛇而得名。此菜以旺火炒脆後，色澤鮮亮，造型逼眞，清香適口。現仍流行於山東青州地區，乃一道有名的地方傳統名菜，諸君如有閑情，不妨依式製作。

話說回來，現代人哪有閑功夫製作「鑲豆莛」這種高檔菜。只要先買好現成的掐菜（或稱銀芽、銀針），切畢雞絲或火腿絲，滴些米醋，撒上蔥花，一併以旺火快炒，即是一道色、香、味、形、觸俱佳的下飯好菜。而在吃酒席時，用此味打頭陣，當可振奮味蕾，進而使食慾大開。

登基名饌
蟠龍菜

「其質取豬肉之精者，和板油與鮮魚剁成肉泥，和以綠豆粉、雞蛋清，後用雞蛋皮裹之，皮間附以銀朱，蒸熟後切成薄片，置於碗中，紅黃相間，宛然成龍形。」

蟠龍菜是明代宮廷的「皇菜」之一，又名「蟠龍卷切」，歷來列爲御膳名珍。清人樊國楷在〈竹枝詞·吟蟠龍菜〉中云：「山珍海錯不須供，富水春香酒味濃；滿座賓客呼上菜，裝成捲切號蟠龍。」此菜起自鍾祥縣，以製作精細、造型美觀、紅中透黃、交相輝映、富麗堂皇、形似神龍著稱，並因其「吃肉不見肉」、滋味鮮美獨特，深受食客歡迎，數百年來，一直在湖北境內廣爲流傳。

明正德十六年（公元一五二一年），荒淫無道的武宗朱厚照駕崩，由於無子繼位，乃遺詔由堂弟興王朱厚熜嗣統，時在湖廣安陸州長壽縣（即今鍾祥縣）的朱厚熜接旨後，即思兼程進京。相傳，他爲避免不測，便召親信商議，決定扮成「欽犯」，坐上囚車趕路，火速前往北京。然而，王爺自幼生長大內，慣食山珍海味，故其沿途膳食，不可等閒視之，既要簡單可口，也無絲毫破綻，於是王府內的廚師，以淨魚、肉剁成肉泥，漂淨濾去血水，加入澱粉和蛋清，再用其他調料，一起攪成肉糊，並在蛋皮上略塗銀朱，經此精心設計，裹蒸成類似今日花壽司的粗長肉蛋卷，片而食之。

在解決吃之後，心腹扮成解差，一路順利進京，厚熜登基爲帝，年號嘉靖，即明世宗。

新皇帝登基，猶如蟠龍升天，自嘉靖即位後，便將此一「美」味，欽定成爲「皇菜」。且爲應「龍鍾吉祥」之說，更將長壽縣易名「鍾祥縣」。此菜一經欽點，平民不可染指。待明朝覆滅後，它才回到民間，成了一道上饌。

蟠龍菜的製作要領，據《鍾祥縣志》的記載：「其質取豬肉之精者，和板油與鮮魚剁成肉泥，和以綠豆粉、雞蛋清，後用雞蛋皮裹之，皮間附以銀朱，蒸熟後切成薄片，置於碗中，紅黃相間，宛然成龍形。」

而今製作此菜，基本沿襲古法，但亦有所改進。大體有四：其一爲加大魚茸的用料，使之更爲鮮美；其二爲造型多種多樣，力求神似；其三爲餐具不拘一格，因形選器，盡量和諧統一；其四則爲可蒸可炸，因席面而靈活變化。不過，萬變不離其宗，必須手工精細，紅中透黃（或黃中透紅），魚肉兼香，入口鮮嫩，無油膩感，才算合格。

鍾祥人一向視蟠龍菜爲「龍」餚之冠，象徵吉祥如意，成爲當地民間特愛的佳餚美饌，是以每逢年過節或遇喜宴慶典，必備「蟠龍」一菜，搭配佳釀而食，倍覺親切有味。而在滿桌菜餚熱氣繚繞之際，「龍」藏其間，栩栩如生，有點睛欲飛之勢，尤令人驚艷叫絕。直至今日，人們登席赴宴，不食「蟠龍」，實爲憾事。故「無龍不成席」之說，仍在當地奉爲圭臬。

鰣魚只能慢慢吃

鰣魚的骨刺多，正是其可愛處，細吸慢吮雖多耗些時光，惟品享其中的美妙滋味，才足以讓食者回味無窮，無時或忘。

金聖歎的三十六則「不亦快哉」，讀之使人興味盎然。然而，人生除快意事外，亦有不少恨事。在清人編的《笑笑錄》裡，便記有一名劉淵的文人，性迂闊而好怪。他曾說過：「吾平生無所恨，所恨五事耳。第一、鰣魚多骨；第二、金桔太酸；第三、蒓菜性冷；第四、海棠無香；第五、曾子固（即曾鞏，唐宋古文八大家之一）不能作詩。」他老兄竟把「鰣魚多骨」排在首位，可見其恨之深。

無獨有偶。已故的知名女作家張愛玲，她在談到人生的四項恨事時，其中的一項，竟也是「鰣魚多骨」。依我個人淺見，鰣魚的骨刺多，正是其可愛處，可以慢慢品味，好好享用一番。畢竟，狼吞虎嚥固然令人痛快，但少了番愼獨的樂趣，未免悵然若有所失。但反過來看，細吸慢吮雖多耗些時光，惟品享其中的美妙滋味，才足以讓食者回味無窮，無時或忘。

其實刀魚多刺，並不亞於鰣魚。宋人陶穀在《清異錄》中，戲稱牠爲「骨鯁卿」，乃有名的長江三鮮之一。江南縉紳家廚，有辦法去其骨，「無骨刀魚」一味，即是其代表作。

「無骨刀魚」的製法，工夫極細，要能耐煩。首先取極大而新鮮的刀魚，從牠的背上剖開，全其頭而連其腹，接著以鹽略醃，排列在瓷罐中，添入酒釀，隔水燉開，以脊骨透出爲度，就罐中抽去脊骨，再用鑷子箝去細刺，合攏仍爲一條整魚。最後用蔥花、椒鹽拌潔白豬油覆魚上，上籠蒸到豬油盡融，即可登席供客。此菜鮮而無骨、肥而不膩、細嫩如酥，其味至善，眞不愧是河鮮極品。

諸君不免納悶，同樣是多刺的鰣魚，爲何不用此法去骨。原來鰣魚的美味，全在「皮鱗之交，故食不去鱗」。況且其肉較鬆，欲保持其眞味，只能用清蒸之法，因爲久煮的鰣魚味劣，誠不中吃。是以無骨刀魚的做法，就派不上用場了。此外，春鰣數量有限，此際春寒料峭，正因甚難捕獲，魚稀少而價昂。老饕特珍其味，往往挖空心思，千方百計才弄得到手。當此之時，無不吃得津津有味、嘖嘖有聲，豈有閒功夫挑剔，視其多刺爲恨事。

人生在世，本就是個樂事、恨事、憾事和無所事事的綜合體。在時空的交錯下，彼此可以互變角色，充滿著多樣性。今之所謂恨事，亦有可能即未來的樂事。這個道理很簡單，只要透過學習，努力不懈，便能懷「技」在身，吮鱗去骨有方。果能如此，滋味將越探越出，動作則越來越快，到這時候，恐怕還嫌鰣魚的刺兒不夠多哩！

半月沉江食味美

「半月沉江底，千峰入眼窩。三杯通大道，五老意如何？」

在中國傳統的素菜中，擅用腐皮、豆腐、蒟蒻、粉皮、麵筋、烤麩、素雞等食材，製成各種「葷」餚，道道幾可亂眞，讓人目不轉睛。不過，現代人講究本味、本色，在型態及搭配上，務以天然是尚。於是乎過去的那一套不再吃香，但其造型逼眞，得名人加持的，仍有極高聲譽。「半月沉江」這道菜，就是一個活生生的好例子。

福建省廈門市的名剎「南普陀寺」，位於五老峰腳下。據知名文學家汪曾祺的觀察，它「幾乎是一座全新的廟。到處都是金碧輝煌。屋檐石柱、彩畫油漆、香爐燭臺、幡幢供果，都像是新的。佛像大概新裝了金，鋥亮鋥亮」。然而，此寺雖不古老，但附設有素菜館，所烹製的素菜取名典雅，佛門色彩濃郁，色、香、味、形俱佳，成爲聞名遐邇的素菜館之一，甚至與寺廟本身齊名，吸引著眾多遊客品嚐與欣賞。

該素菜館主要以豆類、麵類、薯芋、蔬菜、香菇、木耳、竹筍等爲食材，由於選料嚴格，刀工講究，烹製細巧，純素無葷，故風味別致，鮮美可口。掌廚者爲自學成才，被譽爲「素菜女狀元」的劉寶治，她創製出味鮮形美的素菜，凡上百種，名品有絲雨孤雲、半月沉江、香泥藏珠、白璧青絲、甜炸酥酡等。但論其名氣之大及影響之遠，必以半月沉江稱尊。

郭沫若

一九六二年秋；著名的文、史大家郭沫若在飽覽南普陀寺幽雅的景致後，再品嚐該寺的齋菜。齋宴開席後，素菜館的拿手好菜一一上桌。其中的一道菜，半邊香菇沉於碗底，猶如半月落江中，造型不俗，這引起郭老極大興味，在享受完此珍味後，不禁詩興大發，即席賦詩一首。詩云：「我從舟山來，普陀又普陀。天然林壑好，深憾題名多。半月沉江底，千峰入眼窩。三杯通大道，五老意如何？」此即其赫赫有名的〈游南普陀詩〉。

正因題詩中有「半月沉江底，千峰入眼窩」句，點出「半月沉江」的菜名，由是聞名中外，身價倍增。

本菜的製法特別，先把麵筋摘成柱形狀，置鍋中以花生油炸成赤色，撈出濾去殘油，浸沸水中泡軟，切成圓片，再放入砂鍋中，加香菇、當歸、冬筍等料及鹽、水，煮到麵筋發軟，即撈入湯碗，揀去當歸，倒湯於碗中。另取碗一個，碗壁抹花生油，將香菇碼入碗，接著添冬筍及湯。最後取一小碗，置當歸片和水。此兩碗一并入籠蒸二十分鐘，取出，把菇、筍倒扣於湯碗中。此外，取一個砂鍋，倒入清湯，加鹽、水煮開，撒入芹菜珠、番茄，潷入小碗中的當歸湯調勻，然後起鍋，澆入盛有蒸料的碗裡即成。

此菜的做工繁複，具有湯汁鮮清、清脆芳香的特點，加上當歸有活血補虛之效，實一具保健作用的典雅素饌。經常品享，功莫大焉。

品高雅的味中味

知食物之味，必先具備「愛吃、能吃、敢吃」這三個先天條件，始克達到「懂吃」這一最高境界。

飲食散文要寫得好，首在有趣。這個趣字，不光只是博人一哂、妙語如珠，而且要意味雋永、逸興遄飛，甚至能雅致盎然，有高人風致。準此以觀，梁實秋的生花妙筆，不愧當代第一把手，同時放眼古今中外，亦鮮有能出其右者。

我一直認爲要知食物之味，必先具備「愛吃、能吃、敢吃」這三個先天條件，始克達到「懂吃」這一最高境界。就梁實秋的飲食史來看，絕對符合以上的因素，終成一代方家。即以愛吃而言，他在《雅舍談吃》裡提到：「記得當年在外留學時，想吃的家鄉菜以爆肚兒為第一。後來回到北平，……步行到煤市街『致美齋』獨自小酌，一口氣叫了三個爆肚兒，鹽爆油爆湯爆，吃得我牙根清瘦。」顯然梁老之量匪淺，他又再點「一個清油餅一碗燴兩雞絲」，結果「酒足飯飽，大搖大擺回家」。日後回想起來，此一「生平快意之餐」，居然「隔五十年餘年猶不能忘」。信手拈來，餘韻無窮，看了令人垂涎欲滴。

梁老亦指出：「一飲一啄，莫非前定」。關於此點，梁老可是口福無限，好到讓人艷羨不置。他的父親曾在北平開設以河南菜聞名的「厚德福飯莊」。該店以名菜「鐵鍋蛋」發家，菜色向以做工精細、味道純正、不落俗套、特色鮮明著稱。即使店甚偪仄、陳舊，但因菜餚太可口了，故昔時「一些闊官顯者頗多不惜紆尊降貴」，來到這裡，只為「一朵快頤」。梁老生長於斯，自然遍嚐珍饌。書中提到自家的菜品，除鐵鍋蛋外，尚有瓦塊魚、核桃腰、羅漢豆腐等。其實，「厚德福」的名菜，如兩做魚、紅燒淡菜、黃猴天梯、酥魚、風乾雞、魷魚卷、酥海帶等，皆膾炙人口。且所製「月餅有棗泥、豆沙、玫瑰、火腿，味極佳，且能致遠。」在此等環境孕育下，懂吃自在情理之中。

書中亦載其所嗜南北珍味及母親擅製的魚丸、核桃酪等，娓娓道來，亦莊亦諧，弛張有致，文雅有趣。即令捧讀再三，仍流連而忘返。縱使梁老自稱他所寫的吃，只是「偶因懷鄉，談美味以寄興；聊為快意，過屠門而大嚼」，正因有所寄託，更能扣人心弦，情深意摯，含蘊不盡。

又，梁實秋的元配程季淑，是個「入廚好手」。抗戰勝利後，曾在北平學過烹飪，然後研究、實踐，能燒無數好菜。據其旅居美國的女兒文薔透露：「我們的家庭生活樂趣，很大一部分是吃，媽媽一生的心血勞力，也多半花在吃上。……我們飯後，坐在客廳，喝茶閒聊，話題多半是吃，先說當天的菜餚有何得失，再談改進之道，繼而抱怨菜場貨色不全，然後懷念故都的道地做法如何如何，最後浩嘆一聲，陷於綿綿的一縷鄉思。」

長久處在此氛圍下，梁實秋這位在梁小姐口中戲稱的「美食理論家」，終於在年屆八十高齡時，奮筆爲文，完成《雅舍談吃》一書。通書以食材爲篇名，或葷或素，旁及點心和調味料；味兼南北；亦涉海外，同時高檔菜與家常菜並存。信筆揮灑，無不佳妙。我特別欣賞他的筆火功深，精妙絕倫。常將本書置諸案右，得空拜讀，一樂事也。

事實上，梁老的口福尙不止此。自娶韓菁清女士續絃後，依舊食指頻動，天天有好湯喝。原來每晚臨睡前，菁清都會用電鍋燉一鍋雞湯，或添牛尾、蹄膀、排骨、牛筋、牛腩，再加點白菜、冬菇、包心菜、蝦米、鞭尖之屬。爲的是讓梁實秋第二天的清晨和中午，「都有香濃可口的佳餚」。齒頰留香，好不幸福，難怪琴瑟和鳴，恩愛彌篤逾恆。

梁實秋飲食小品固然高雅出眾，饒富興味，但他的本質，還是個饞人，曾撰文指出：饞所著重的，在「食物的質，最需要滿足的是品味。上天生人，在他嘴裡安放一條舌，舌上還有無數的味蕾，教人焉得不饞？饞，基於生理的要求，也可以發展成爲近乎藝術的趣味」。此與幽默大師林語堂所講的：「我們需要認眞對待的問題，不是宗教，也不是學問，而以吃爲首，除非我們老老實實地對待這個問題，否則永遠也不可能把吃和烹飪，提高到藝術的境界。」實有異曲同工之妙，足發吾人深省，進而懂得品味。

《雅舍談吃》一書中，關於烹飪及品味者，俯拾皆是。前者有獅子頭、菜包、白肉、薄餅等，巨細靡遺，可學而優再親炙，俾益親友，兼及眾生。後者則有紅燒大烏、鐵鍋蛋、芙蓉雞片、湯包等，在大快朵頤之後，能品出其精緻之處，昇華人生況味。總之，它既實用又有趣，更可把飲食這一小道，提升至美學高度，豐富大家的生活，姑不論是物質面或精神層次。

飲食上的分與合

——杜莉、孫俊秀、高海薇、李云云，《當筷子遇上刀叉》序

「文化是難以融合的，往往只見其拼合。飲食的不同方式亦然，拼在一起，也是各取所需。」

中西的飲食方式，其間差異，指不勝屈，經歸納之後，兩者主要而明顯的不同，以今日觀之，應有如下三種。一爲進食的工具，分別是用筷子與刀叉；二爲用餐的型態，有聚食與分食之別；三是菜餚的呈現，則有鍋子和盤子之分。因而有人指出：中國（含東方）的本質爲藏寶一鍋，以「味」爲重心，形成所謂的「鍋文化」；西方的

特點乃聚珍一盤，以「悅目」爲主旨，自然形成了「盤文化」。不過，本書的書名《當筷子遇上刀叉》，倒是讓人感受到其中最深刻的一種。

嚴格說來，目前中餐必備的餐具爲箸（筷子）與匕（餐匙），兩者均起源於七千年前的新石器時代，用餐匙的歷史較筷子略早。先秦時期，用餐兼用匕和箸，兩者的分工明確，箸專用於取食羹中之菜，而食米飯或粥之時，一定得用匕。日後，則因筷子的實用性益高，可夾、可挑、可戳、可扒，漸取代餐匙的一部分功能。但時至今日，凡正規的餐會，其餐桌仍擺放著餐匙與筷子，食客每人一套。可見餐匙與筷子這兩種食具的密切聯繫，今古俱存，而且可以斷言，將會持續下去。

關於刀子與叉子，據考古發現，餐刀的使用，古匈奴人即已開始並且常見，造型小巧而精緻。中國古代之叉，亦源自新石器時代，集中出土於黃河流域，以中游地區所見爲多，起初是雙齒，稱爲「畢」（註：此叉之狀類似二十八星宿中的畢星而得名）。其後又發展出四齒、三齒和五齒，盛行於戰國時期，至於刀與叉並用，則陸續在元代的古墓中出土，足徵源遠流長。

中國的大叉起先是作廚具用，再依大叉製成小餐叉，主要供貴族食肉之用，盛行於戰國時代。推敲其成因，或許是在不平常場合才使用的一種特別的進食工具，平日則可有可無。後來的餐叉，由於筷子的普及，作用更不明顯，現已退居到第二線了。

西方人用叉子，其方式與中國同，亦是由廚具再進化成餐具。約從十一世紀左右的拜占庭帝國開始使用，距今頂多一千年。只是當時僅零星擁有，居然到了英國的伊麗莎白女王和法國國王路易十四時，還是用手取食，而且這種情形，一直在持續著。直到三百多年前，才有些許轉變。同時在此之前，餐叉尚被視為頹廢，甚至是更壞的東西，像中世紀德國的一個傳教士，便把叉子斥為「魔鬼的奢侈品」，並說：「如果上帝要我們用這種工具，祂就不會給我們手指了。」尤令人難以置信的是，到了一八九七年，「英國海軍的水兵們仍被禁止使用刀叉，因為刀叉被看作對保護紀律和男子氣概有害」。

有趣的是，刀叉在中國因不如筷子實用，始終未像匕箸那樣，居餐桌的主流地位。但它卻在二、三百年前，在西餐那邊開花結果，成為餐桌上的主宰者。而以往在上海、當下在台灣流行吃所謂的「中菜西吃」（即享用傳統中餐，餐具卻用西化的刀叉），乃一種新的文化拼湊現象，所以，華人世界在餐桌上使用刀叉，確實是從西方傳過來的，絕不能看做是中國古老傳統的再現。換個角度來看，歷史就是這樣，「無巧不成書」。

本書探討東、西方在飲食上的各種比較，包括文化遺產、民俗與禮儀、科學與歷史、饌餚文化、飲品文化等，鋪陳詳盡，具體而微，證明飲食並非小道，極有可觀者焉。我在讀罷之餘，不禁感慨萬千。前拜交通便利之賜，遂使飲食與天下大勢如出一轍，「分久必合」。原以爲已受地球村的影響，在全球化的衝擊下，可以就近整合，類似歐洲共同市場，以貨幣爲整合基礎，再進一步強化。然而，近受高油價等的刺激，運輸成本大增，漸強調慢食與小區域食材自給自足，導致「合久必分」。一些本以爲能大一統的飲食業者，無不改弦更張，採取限縮政策，先觀望自保，再徐圖大舉。

已故飲食文化名家唐振常曾說：「文化是難以融合的，往往只見其拼合。飲食的不同方式亦然，拼在一起，也是各取所需。」本書以古證今，探討透徹，體系自成，別具一格，而且非常實用。確爲讀餐飲者及業餐飲者的寶典。盼諸君在明白飲食古今之變後，能活學活用，且「解其中味」，進而明瞭「民以食爲天」的眞諦所在。

我思與吃，故我在

——熊四智，《說食——關於中華美食的十面解讀》序

飲食業的競爭，最終還是文化的競爭。因此，彰顯文化特色，突出文化意蘊的作爲，才是現代餐飲業的時代需求。

在清朝時，中國有特色之餚饌，分別是京師、山東、四川、廣東、福建、江寧、蘇州、鎮江、揚州及淮安這十處，而江蘇一地居其半。等到民國以後，則分成蘇、粵、川、魯四大菜系。因此，四川此一菜系，一向具有一定的舉足輕重地位。倒是無庸置疑的。而今，川菜更紅遍海內外，在各地開花結果，吾人甚至可以這麼說，只要

有中國菜的地方，就必定有川菜，其流行之遠及範圍之廣，可謂一時無兩，當世無雙。

近百年來，於川菜中最具影響力的大宗師，屈指數來，當屬以「姑姑筵」名世的黃敬臨和著作等身的熊四智。前者爲川菜譜出一頁傳奇光采，後者則將川菜及中國菜載諸文史，並進一步地發揚光大，著譽食林。

自命「油鍋邊鎮守使，加封煨燉將軍」的黃敬臨，曾供職清宮光祿寺三年。因受慈禧太后賞識，賞以四品頂戴，故有「御廚」之稱。由於家學淵博，加上慧心巧手，所開的館子「姑姑筵」，其菜式結合宮廷與四川風味。能貴能賤，特重火候，不惜工本，以致色香味皆臻妙絕。畫馬名家同時也懂吃的徐悲鴻就指出：「將貴重材料製成美味不難，難在將平凡菜色做好。」是以他一再光臨「姑姑筵」，沉浸其中，樂此不疲，並與黃結爲莫逆之交。

當時凡在「姑姑筵」訂席（註：只能事先預訂），一席至少索價三十銀圓，且須三、四天前親臨，至於請客者是何等人物，他會事先過濾，只要他認爲不忠不義之人，必婉言拒絕。此外，他親自擬妥菜單，親臨廚房把關，親手端菜上桌。而且東道主在發請帖時，必須給他一張，屆時是否參加，卻得悉聽他便。等到他入席後，即從烹飪文化藝術上入手，對賓主詳細評說今日所食菜餚，一般食客往往恭聽其言，任他大擺「龍門陣」而不敢違。惟知味之人則謂：「聽其言，品其菜，可兼得口福、耳福。」

黃與厚黑教主李卓吾交好，李盛稱他：「以天廚之味，合南北之味，敬臨之於烹飪，眞可謂集大成者矣。」力勸他「撰一部食譜」，成就「不朽的盛業」，並明白指出：「有此絕藝，自己乃不甚重視，不以之公諸於世而傳諸後，不亦大可惜乎？」敬臨頗以爲然，遂著手撰寫，完成《烹飪學》一書，李宗吾還爲此書寫序。可惜並未付梓，書稿散佚四方，從此這位「安於舞刀弄鏟，正是文人半生好下場」、「做得二十二省味道，也要些功夫」的一代廚神，終未留下片紙隻字，迄今仍是食界一大憾事。

世事眞的難料，黃敬臨的畢生遺憾，卻被熊四智發揮得淋漓盡致，其成果且足以藏諸名山，流傳千古。

熊四智爲四川重慶人，「七七事變」當天出生，生前長期擔任素有「中國大廚搖籃」之稱的四川烹飪高等專科學校教授及川菜研究室主任。他原是個人民解放軍的文藝兵，演奏大提琴。其後因緣際會，於一九七八年開始從事烹飪研究，犧牲假日和娛樂，前後有三十餘載。而非科班出身的他，卻能自學成才，自一九八六年教學以來，更打起全副精神，潛心讀書及研究，從零碎的古籍中，翻撿出關於飲食的論述，百川匯海，滔滔不絕，遂從一名深入研究中國烹飪理論的探路者，致力發揚孫中山譽爲「至今尚爲各國所不及的中國『飲食一道』」，由中華烹飪文化層面與科學入手，逐漸形成一己體系，奠定其在這方面的權威地位。於是乎日本的中國料理研究家波多野須美女士推崇他乃「中國食文化權威」，誠名至而實歸。

儒雅的熊四智，專力致志，一生勤奮不懈，治學嚴謹不拘泥，勇於突破與創新，一直稟持著用平常心做實在事的原則，一則積極培育烹飪人才，現已桃李滿天下，再則筆耕不輟，能獨闢蹊徑，廣徵博引，成一家之言。也由於他吃得夠多，看得夠廣，寫得夠透，再加上能守住一方心靈淨土，終於博得「酸甜苦辣俱嚐盡，妙論宏文筆底出」的讚譽。

學富五車的熊四智，在三十年的烹飪研究歷程中，一共撰寫了近五百篇與飲食烹飪有關的文章、論文，在出版的著作中，以《四川名小吃》、《中國烹飪學概論》、《食之樂》、《菜餚創新之路》、《中國人的飲食奧祕》等最膾炙人口。其著述與論文多次獲獎並迭獲好評。一九九八年時，原商業部乃授與他「部級優秀專家」稱號。另，合著者則有《正宗川菜》、《川菜龍門陣》、《火鍋》、《家常宴》等十二種。此外，他還主編《中國飲食詩文大典》、《中國食經・食論篇・食事篇》等四種。因他不循故轍，不落前人窠臼，故能以新思維、新眼光、新角度走出一條自己的路。尤可貴者，他的著述，不論是介紹川菜，亦或是探討中國式的烹調，研究中華民族的飲食傳統、飲食文化，都能將它們置於廣闊的社會、自然、文化背景之中，抽絲剝繭，愈探愈妙，同行們遂奉爲圭臬，譽之爲「在烹飪理論上有重大突破」。

綜觀熊式的研究，可歸結爲三大特點：首先是視角新。他突破以往主要著眼於烹飪技藝研究的局限，將烹飪視爲一種文化、一門科學、一項藝術來研究，大大開闊其視野，使得烹飪理論更上層樓，「望盡天涯路」。其次爲主意新。他跳脫出傳統烹飪格局，把飲食與人們的生存享受、發展需要、民族素質的提高、精神文明的建設等結合在一起，爲中國當代的烹飪注入了新的時代氣息。第三是思路新。他對中國幾千年來所形成的膳食結構，從社會學、哲學、醫學、營養學等角度進行論述，從而提出專屬中國的膳食結構，能充分體現人與自然高度和諧統一的論斷，此即天人合一的生態觀，養生食治的營養觀和五味調和的美食觀。正因他以歷史爲基礎，以現實爲著眼點，且以未來爲目標，始能博大精深，見微知著，兼及高瞻遠矚，得言他人所不能言，進而獨樹一幟，成就震古鑠今。

熊氏學識淵博，一生著述極富，治學務求嚴謹。自言：「我每寫一篇文章，都有『履薄冰臨深淵』的感覺。道聽塗說、轉述摘引的材料，從不引以爲據。」在如此堅決下，久而久之，其文公信力卓著，自然形成論據實、論證足、觀點新、分量重的獨有風格。除此之外，他也透過對中國各地菜餚的比較研究，提出並證實了「味在四川」、「湯在山東」、「刀在淮揚」、「香在八桂」等觀點，言簡意賅，寓意深遠，已在烹飪理論界獲得廣大回響及普遍承認，現被廣泛採用，一致認爲這是知味識味的內行話。

熊先生進一步指出：「中國烹飪文化是個大寶庫，可挖掘、可整理、可繼承、可發揚的科學、藝術、技術方面太多了，特別是中國人的飲食文化精華，更令世人驚嘆。」於是他「通過點點滴滴的學習、研究、實踐」，陸續寫了許許多多的科普文章和論文，用來記錄他的學習與感悟。這些文章與論文，浩如湮海，如非朝夕苦研、再三致意於此，豈能窺其堂奧，所幸在他過世前，四川出版集團先後出版了《四智論食》與《四智說食》這兩部書。按照熊氏自己的說法，「前者爲『論』食，後者爲『說』食，相互成爲姐妹篇，便於讀者參照」。就我個人而言，前者重理論，而後者富趣味，想要一讀上手，一讀難忘，取這本「說食」入門，應是深得其中無窮況味的不二法門。

日本學者水野蓉女士稱熊氏寫的《中國傳統烹飪技術十論》一文爲：「技術論說明暢、精闢、完美」，小標題則「用字貼切、惟妙、雅致」。其實，《四智說食》這一鉅作，本身所傳達的，就是這個極致。本書雖分「縱橫飲食」、「菜之神韻」、「十聖飲食」和「千珍百筵」這四個部分，但裡頭無論是論文、小品、隨筆、雜文等體裁，在其信手拈來下，都與他本人一樣，「貌似平常、樸實無華、從容餘裕，難得幾個俏麗泛詞，但卻選取不同視角，娓娓道來，旁徵博引，發前人所未發」。而且讀過這些文章，則「有如閑庭信步於構築起來的美妙畫廊」，「更可以看出這畫廊凝聚著那磚瓦沙石的力量」。信哉！此言。

基本上，這本《四智說食》可說是其前作《食之樂》的擴充加強版。我個人致力於飲食文化及其體系的研究，迄今凡十七年，不敢說遍覽群籍，卻也博覽群書，總算略有小成。台灣的著作物，起先是由唐魯孫、高陽、梁實秋、逯耀東諸公入手，而閱讀大陸方面出版的第一本食書，即是熊先生所著的《食之樂》，翻閱再三，啓迪其深，至今猶能道其詳。《四智說食》即以此書爲根基，讀之如剝蒜般，先看到的是一些表象，如飲食之樂、十聖飲食哲理等，接著向內尋去，則是烹飪的歷史，文化的蘊涵及飲食結構等等，愈往核心，也愈精采，不僅全面而深刻，更有獨到的見解，如果說這情況是「大智治小鮮，平淡見眞味」，則是語有所本，絕非溢美之詞。

台灣剛光復時，紛至沓來的「外省菜」，曾引爆台菜的「哈中風」，由於時勢所趨，大江南北的名廚齊集寶島，「中國菜」一躍而居主流地位。曾幾何時，本土意識抬頭，改頭換面的台菜和以生猛爲取向的港式海鮮結合，風靡一時，沛然莫之能禦。導致早年大家耳熟能詳的「外省菜」，居然一蹶不振。再加上這些年來的「去中國化」，也反映在飲食上。外國菜則因新潮時髦，大受青年朋友的喜愛，更使得以往壁壘分明的各幫菜系，如川菜、江浙菜、湘菜、北方菜等，逐漸合流，終至消泯，竟然只存其名。是以今日的「中國菜」在台灣，堪稱聊備一格而已。在這種情形下，一度是「中」菜天堂的台灣，眞個是不堪回首。

當菜系不再吃香，老饕必所剩無幾，這更加速中國菜在台灣的沒落，人們所吃的，只是似曾相識或不道地的，根本談不上什麼是飲食文化，享樂主義遂凌駕一切，於是吃飽之後，再一起去唱卡拉ＯＫ，蔚成一股風潮。此一情形，與陳之藩筆下「失根的蘭花」，倒頗有異曲同工之妙。假若人們日後在用中餐時，於品其味外，能拾其源流，明白它們背後的文化，既得其樂，更融聰慧，那麼台灣成爲一個書香與菜香融鑄一體的社會，整體向上提升，也就指日可待了。

至於總是力圖把自己的理論研究與市場相結合，並經常深入餐飲企業，替企業的發展出謀畫策的熊四智。一向極力倡導飲食與文化等結合，他始終認爲飲食業的競爭，最終還是文化的競爭。因此，彰顯文化特色，突出文化意蘊的作爲，才是現代餐飲業的時代需求，也惟有如此的具體實踐，中國的烹飪文化，方得以落地生根，發揚光大，反觀台灣的餐飲業者，在這波陸客即將登台的當下，其因應措施，是否已眞的準備好了？

總之，這部《四智說食》，已從各種層面去探究中國的飲食及烹飪文化，言皆有物，既不徒托空話，也不立異以爲高，而且趣味橫溢，在採擷吸收後，更能吐故納新，充滿著無限可能。不論您是餐飲業者或純粹是讀者，一旦捧此而讀，不但能開卷有益，且據此「轉益多師是我師」，自然也就不在話下了。

欲識真川味，唯向生活尋

——石光華，《我的川菜生活》台灣版序

唯有能體會「淡中滋味長」之旨，才能體悟川菜那「淡妝濃抹總相宜」的眞滋味，並掌握「萬變不離其宗」的眞契機。

川菜是中國的四大菜系之一，源遠流長，風味百變，自古即以「尙滋味」、「好辛香」著稱，從而產生所謂的「七滋八味」（註：七滋即甜、酸、麻、辣、苦、香、鹹；八味即魚香、酸辣、椒麻、怪味、麻辣、紅油、薑汁、家常）。當然囉！食味萬千的川味，豈止於此？像陳皮、豆瓣、椒鹽、荔枝、蒜泥、麻醬、芥末等，全是大家耳熟能詳的味型。大致而言，其種類不下三十餘種。因而，在它們交互穿插下，川味遂變幻莫測，博得「百菜百味，一菜一格」的美譽。其中的怪味，更非比尋常，竟號稱「川菜中和聲重疊的交響樂」，繁複多樣，味中有味，彼此和諧，神韻特出，如未品嚐再三，無法心領神會。

事實上，台灣的川菜，亦曾獨領風騷。自民國三十六年，「凱歌歸餐廳」在台北開幕後，即占一席之地。民國四十年左右，「龍香」、「渝園」、「峨眉」等陸續開業，從此家喻戶曉，造成一股聲勢。以後則更上層樓，「中華」、「華夏」、「福祥」、「大同」、「國鼎」、「天一」、「大順」、「榮安」、「今頂」、「沁園」等繼之而起，如雨後春筍般，林立台北街頭，沛然莫之能禦。其影響所及，人們品享川菜，已成家常便飯，大宴小酌，經濟實惠。其後，「芷園」、「福星」、「榮星」、「聯安」等大型川菜餐廳另闢新局，不論在經營、裝璜、服務等方面，均令人耳目一新。尤有甚者，就是增加「粉味」，形成獨特景觀，招致無數饕客。可惜後來本末倒置，手藝不再堅持，品質相對下降，難再吸引識味之士。於是乎各店家負隅頑抗，希冀再造榮景。可嘆時不我予，靠股市、房市發跡的暴發戶們，只會追求高價位，港式海鮮乃取而代之，成爲食界新寵，天天門庭若市。至此，川菜從盛極一時到打落冷宮，不出四十年，卻式微至今，已無人聞問。

換個角度來看，台灣川菜沒落，絕非只加粉味，而是習性改變，從未落實生活之中。是以粵風北進，即失去其傍依，主流地位不保，淪爲旁枝末節，終成明日黃花。

近觀石光華先生《我的川菜生活》一書，其對川味的著墨，固然讓人驚豔；但他自身融入的生活體驗，才是最可觀之處。加上他頗通割烹之道，故娓娓道來，皆中肯綮，讀之餘味不盡，享受味外之味，實爲文采燦然、言之有物的飲食文化鉅著，放眼當今，罕出其右。

雖然本書篇篇精采，但我對第拾篇的「百菜還是白菜好」，卻情有獨鍾，蓋作者所拈出的，不僅僅是食物中的滋味，而是極耐咀嚼的生活哲學。也唯有能體會「淡中滋味長」之旨，才能體悟川菜那「淡妝濃抹總相宜」的眞滋味，並掌握「萬變不離其宗」的眞契機。

笑傲食林，各領風騷

——朱振藩，《食林外史》自序

盼本書所著墨的食家及食經等，能爲現下一成不變且平庸至極的食譜，尋找一條活路，昌大飲食內涵，並拈出飲食之要旨及其眞趣所在。

在世界的飲食史上，中國因歷史悠久、文化深厚、人才輩出等因素，成就了大批的美食家及飲食著述，其層次之高及影響之深遠，不僅寰宇首屈一指，更讓他國望塵莫及。其中，既是美食家，又有著作名世的，不知凡幾。本文僅就其犖犖大者，剖析他們對當時及後世的一些具體影響。

首先從被餐飲業奉爲祖師爺的伊尹說起，他出身廚師，了解各地風味特產、佳肴美饌，並精嫺烹飪理論，為了游說商湯，力促他取得天下，便以這些「至味」為誘餌，讓湯動心繼而下定決心。伊尹本人雖未著作，但此番說辭卻記載於《呂氏春秋》的〈本味〉篇內，讓我們得以一窺其堂奧。

接下來的美食家，恐會令大家跌破眼鏡，那位仁兄便是孔老夫子，他提出有關飲食的至理名言，就是我們至今仍常引用的「食不厭精，膾不厭細」。其他的言論，則大半保存於《論語》的〈鄉黨〉篇中，精闢見解不少，值得一再玩味。

到了南北朝時期，出現了《崔氏食經》，它應是中國古文獻中，最早的一部飲食烹調專著，其作者崔浩，本是北魏前期重要的政治人物及領袖。蓋清河崔氏，原為中原著名的士族，崔浩生於亂世，他為了家族中的婦女，需要「朝夕奉翁姑」，乃由其母盧氏（註：范陽盧氏與清河崔氏，係當時中原第一流的大族）口述，將其主持中饋所累積的經驗，筆錄整理，內容當在百條以上，其影響今日最著的為「跳丸炙」，此或恐為目前台灣摃丸及潮州爽口牛肉丸的鼻祖，倒是有跡可尋。

然而，它得以保存一部分下來，緣於被高陽太守賈思勰所撰的《齊民要術》收錄，共引用了其中的三十七條。《齊民要術》一書索有「農業百科全書」之稱，其關於飲食的部分，對後世產生極大的影響，像宋代的《事林廣記》、元代的《農書》等，均為其流亞。另，宋代的《吳氏中饋錄》、晚清的《中饋錄》及民國的《�珊食

譜》等，雖由女性著作，但其濫觴，應可推源自《崔氏食經》。

隋唐盛世的食家不少，但因毀於兵燹，幸賴宋人陶穀在其名著《清異錄》中收錄，而獲保存。該書涉及飲食部分的，計二三八事，約占全書的三分之一。縱使其形式乃消遣取樂的飲食掌故，並非正面陳述事物，但其內容多爲作者親自所見所聞，故眞實反映了當時歷史情況，頗有參考價値。此外，它保存了隋代謝楓的《食經》、唐代韋巨源的《燒尾食單》及自編《食經》（已佚，時稱《鄒平公食憲章》）的段文昌一些珍貴史料，使後世得以目睹隋、唐兩代宮廷宴席中，較爲齊全的菜單和「煉珍堂」之規模及其運作狀況。

南宋人林洪的《山家清供》，無疑是中國清雅眞味劃時代的重要文獻。林洪自謂曾「游江淮二十秋」，因而通曉福建、江西、江蘇、湖北等地的菜色。所謂「清供」，自然是以蔬食爲主，即使肉類食肴的烹飪製作，亦比較注重清淡原味，製法頗爲簡單易行，重點則在味歸清眞。當今走紅世界各地的日本菜，其觀念、取法及製作等，當未跳脫本書之範圍。而該書所收錄的花饌、果饌（包括掏空內瓤再添其他食材的蟹釀橙、大耐糕、蓮房魚包等）及涮兔肉（豬、羊皆可）等，都是當時挖空心思的妙饌，不論在構思、造型與命名上，均堪稱世界獨步，而文筆之優美，則爲其餘事也。

元末時，以書畫揚名的美食家倪瓚，字元鎭，號雲林、幻霞生、荊蠻民等，江蘇無錫人，家居太湖畔，家當本不少，後來竟「忽盡鬻其家產，得錢盡推與知舊，自己則扁舟簑笠，往來湖泖間」，過著隱居的生活。其家有堂名「雲林」，故所撰的食經，稱《雲林堂飲食制度集》。

全書共記五十多種肴饌、飲料的製法，以精緻清淡為主，甚符合士大夫的口味。其所記「燒豬肉」、「燒鵝」與「煮蟹法」等，在烹飪史上均有甚大影響。「燒鵝」被後世稱為「雲林鵝」，收入清人袁枚所著的《隨園食單》中；燒豬肉的製法，則與現今客家鹹豬肉的手法類似，是當下台灣的客家菜及一些餐廳不可或缺的開胃菜之一。至於其煮蟹法，則是目前吃大閘蟹的重要做法之一，影響不容小覷。

宋詡、宋公望父子所撰的《宋氏養生部》及《宋氏尊生部》，堪稱明中葉的飲食鉅著。宋謬是江蘇松江人，其母善烹飪，隨其父宦遊京師，又在江南數地任職，因此「遍識四方五味之宜」。宋詡藉由其母「口傳心授」，錄撰成書。該書的特色，乃涉及範圍極廣，保存了相當數量的古菜點和其他食品的烹製經驗，且對每種重要的烹飪食材，必先說明初步加工的方法，然後分述不同菜點的具體燒法，並把多種烹飪方法概括分類，再形成新觀念，故他對烹飪理論及經驗方面，貢獻獨多，至今仍有借鑒價值。而書中的肴點中，對後世影響最大者有二，一是烤鴨的製作，再則是搼麵的製作。前者已是舉世知名的中國大菜，後者則是東瀛人好吃拉麵的源頭。另，宋公望所撰的《宋氏尊生部》，基本上帶有資料匯編性質，書中較有特色者為點心，具有江南風味。

從明末到盛清，實中國飲食史上大放異彩之時，不但名家、大家輩出，而且他們的精闢之作，記載當時飲食的特色，提出自己飲食的觀點，豐富中國飲食的內涵。如能通透了解，必能見識到中國飲食中博大精深的一面。

由於明清時的江南，乃歷史上南方最鼎盛的時期。在「民萌繁庶，物產浩穰」的背景下，滋長了競賽奢華、無不求精的風尚。其表現在飲食方面，自然特別顯著。於是張岱、高濂、冒襄、李漁、袁枚等名士，相繼步上美食舞台，而間接受此影響的李化楠、李調元父子，亦本此奮進，弘大四川的飲食烹飪，當爲其偏鋒。其中，對當代及後世影響最大者，首推撰就《隨園食單》的清代大才子袁枚。

率先於明神宗萬曆十九年（公元一五九一年）問世的《飲饌服食箋》，由浙江錢塘（今杭州）人高濂撰就。此書乃其《遵生八箋》中的第十一、十二、十三卷，計十二類二百五十三方，另有專論十五通。書中所收錄者，均爲江南飲食。據高濂自稱，該書野蔬部分，皆親自蒐集，且親口所嘗者，足見其用心。又，本書最重要的是承先啓後，它既採用吳氏《中饋錄》、劉基《多能鄙事》中的不少內容，且後人如朱彝尊的《食憲鴻祕》、顧仲的《養小錄》等，無不轉載其中甚多條目及內容，其傳承之功，可謂莫大焉。

而被香江才子黃裳譽爲絕代散文家的張岱，家中藏書三萬餘卷，乃明代紹興的名門望族之一，自謂他府上「庖廚之精，遂甲江左」。所居的魚宕，橫亙三百餘畝。而

「少爲紈袴子弟，極好繁華，好精舍，好美婢，好孌童，好鮮衣，好美食，好駿馬，好華燈，好煙火，好梨園，好鼓吹，好古董，好花鳥……」的他，其有關美食的著作，均收在《西湖夢尋》、《陶庵夢憶》等文集中，飲食在這些散文經典之作的描述下，直讓人如醉如痴。他如郁達夫精采的〈飲食男女在福州〉一文，即承其遺緒。

另，認爲人應該取天地之有餘，以補我之不足，斷不可「逞一己之聰明，導千萬人之嗜欲」的李漁，號笠翁，浙江蘭溪人，是著名的劇作家、小說家。自稱「於飲食之美，無一物不能言之」的他，在其晚年始完卷的《閑情偶寄．飲饌部》裡，主張以素食爲主，肉食爲輔，他在蔬食中，對筍尤情有獨鍾，認爲其鮮美在肉味之上。至於動物食品中，他最愛食蟹，曾說：「於蟹螯一物，心能嗜之，口能甘之，無論終身，一日皆不能忘之。」而他的飲食中心思想，可略概括爲：崇節儉，重蔬食，主清淡，忌肥膩，尚本味，講潔美，慎殺生，求食益等。這些看法，皆用立論精闢、語多風趣。文字優美、自成段落的短小精悍的小品文爲之，故可讀性極高，誠已爲食品文學樹立絕佳楷模。

冒襄字巢民，號辟疆，少負俊才，頗有時譽，與陳貞慧、侯方域、方以智齊名，號稱「四公子」。明亡之後，隱居不仕，與寵姬董小宛同居名「水繪園」的香巢內。董小宛香消玉殞後，冒襄悲傷欲絕，寫了一篇〈影梅庵憶語〉，追念他們共度的那段美好時光。董本人於琴棋詩書、烹飪茶道無一不精。其於烹飪一道，不但汲取各家之長，且能加以改進。更妙的是，她所製作的菜肴與飲料，特別重視色彩、香味，其幽香豔異，可使人大快朵頤並點綴飲食生活，從而產生莫大情趣。民國的人物，如魯迅的《兩地書》、許姬傳的《家庖漫述》等名著，都或多或少地受到〈憶語〉的影響。

袁枚字子才，號隨園，浙江錢塘人。他少年成名，二十四歲中進士，三十七歲致仕，此後過了近五十年假遊詩酒的名士生活。他說自己是個「好味、好色、好葺屋、好遊、好友、好花草泉石、好珪璋彝尊名人字畫，又好書」的人，爲了追求美味，他「每食於某氏而飽，必使家廚往彼灶觚執弟子之禮，四十年來頗集眾美，余都問其方略，集而存之」，這些零星筆記，便是也日後以七十六歲高齡出版的《隨園食單》之原始資料。

這位「江左才子」，不愧美食名家，他所吃過的名門、名店、名寺的各類美食，不勝枚舉，同時也吃到揚州鹽商家廚的一些美味。此外，諸如揚州洪門粽子及蕭美人點心等小食，亦在品嘗之列。

袁枚不但有吃福，而且有個「一肴上，吾之心腹腎腸亦與俱上」的超級廚師王小余爲其掌杓，始得以遍嘗各式美味。難怪王小余死後，他悲不自勝，「每食必爲之泣」，並親自爲其作傳，「以永其人」。

對於飲食，袁枚確有超凡見解，曾說：「飲食之道，不可以隨眾，尤不可以務名。」因此，他在《隨園食單》中，提出二十個須知及十四個戒條。前者係從食物性能、時節、洗刷、食材搭配、用火、上菜次序等，闡述烹飪的基本理論，全面而周到，絲絲入扣，切合實際。後者除了「戒外加油」、「戒火鍋」、「戒強讓」這三條與現今的情況不同外，其餘的各戒中，都有一定道理，不可等閒視之。

該書另以大量的篇幅，詳述中國從十四世紀到十八世紀中葉這段期間，所流行的三百四十二種菜肴、飯點、茶酒的製作方法。這當中，包括大多數江、浙兩地的傳統風味，以及京、魯、粵、皖等地方菜，同時還有宮廷菜及一些官府菜，實乃中外古今食經之中，最體大思精的代表作，造福後學極鉅。

特爲《隨園食單》一書補證的夏曾傳，別號醉犀生。他家學淵源，於飲食十分講究，留心其特點及烹飪技術。他的補證除多加「糖色單」、「作料單」外，並對《食單》逐條箋證，旁徵博引，提高其學術性，同時對書中錯漏之處，給予糾正、補充，並將名醫王士維所撰的《隨息居飲食譜》補入書內，增加其知識性。其目的不外「使嗜味者，由烹飪而考訂其原委，由原委而講究其實性，則一舉間，有學問之道在、養生之道在」。

經補證之後，搞活了《食單》，但不是每個人都認同其原先內容的。自稱「老饕」的梁章鉅，雖常捧讀《隨園食單》，但遇有不盡不實之處，亦會著文駁斥，敢於挑戰權威。不過，曾任江蘇巡撫及兩江總督的他，宦遊大江南北，參加無數宴會，精研各式美食，故在所著的《浪跡叢談》、《浪跡續談》、《浪跡三談》及《歸園瑣記》中，不乏精闢論文，可匡《食單》之失。

另，清宣統元年（公元一九〇九年）出版的《造洋飯書》，乃第一部以中文寫成。教華人煮西餐的食經。該書起首的「廚房條例」，雖強調的是廚房環境的衛生和整潔，但其寫法，已參考了《隨園食單》的「須知單」及「戒單」，則毋庸置疑。

由於《隨園食單》內記載菜肴的做法簡略，致一般廚師無法準確理解和掌握其操作方法，於是曾向中外賓客展示隨園系列菜肴，藝驚四座的南京特一級廚師薛文龍，特地公布自己的研究心得，把食單中一百餘道菜肴，其詳細製法及類似《山家清供》引文的註，皆披露於《隨園食單演繹》一書中，詳盡明確，頗足取法。

由李化楠、李調元父子共同完成的《醒園錄》，此書肇因於李化楠曾在吳地爲官，每遇有好菜，就隨時了解並記錄下來。後來，李調元將其父的紀錄整理刻印成書。因家中有「醒園」，故取名《醒園錄》。該書所收菜點，以江南風味爲主，亦有四川當地風味、少數北方風味，以及若干西洋品種。菜肴的製法簡明，尤以山珍海味類最具特色，像煮鹿尾、魚翅、燕窩、鮑魚、熊掌、鹿筋等，均爲當時及現今的一些筵席大菜。又，李調元乃蜀中才子，本身精於飲饌，亦有妙手家廚，口福匪淺。這部《醒園錄》的問世，實對後世川菜的不斷發展，不斷完善，起了很大的促進作用，理當記上一筆。

而今出版之食譜，多如過江之鯽，幾乎都在製法上下功夫，鮮少及於食材、飲食典故、來由、演變等人文部分，平凡無奇，殊爲可惜。盼以上所著墨的食家及食經等，能爲這些一成不變且平庸至極的食譜，尋找一條活路，昌大飲食內涵，並拈出飲食之要旨及其眞趣所在。

附錄：《味外之味》店家資訊

◇島內之味／北

店名	地址	電話
上海極品軒餐廳（p.60、197）	台北市中正區衡陽路十八號	（〇二）二三八八五八八〇
煉珍堂（p.148、172）	台北市中正區衡陽路十八號八樓	（〇二）二三六一一五八〇
新徐州啥鍋（p.66）	台北市中正區延平南路五十五號	（〇二）二三七一九六六九
鍋膳（p.139）	台北市中正區臨沂街二十七巷九－三號	（〇二）二三二二二四二五
信遠齋（p.151）	台北市中正區新生南路一段一七〇巷十五號	（〇二）二三四一六六〇八
明福（p.168）	台北市中山區中山北路二段一三七巷十八之一號	（〇二）二五六二二一二六
天香樓（p.168）	台北市中山區民權東路二段四十一號（亞都麗緻飯店內）	（〇二）二五九七一二三四

美麗餐廳（p.177）	台北市中山區錦州街一四六號	（〇二）二五二一〇六九八
怡園中餐廳（p.194）	台北市松山區民生東路三段一一一號二樓（西華飯店內）	（〇二）二七一八六六六六
京兆尹（p.34）	台北市大安區四維路十八號（總店）	（〇二）二七〇一三二二五
永福樓（p.60）	台北市大安區忠孝東路四段五十九號	（〇二）二七五二八二三二
上海四五六菜館（p.135）	台北市大安區仁愛路四段一一二巷十七號	（〇二）二七〇九五三三五
彭家園（p.158）	台北市大安區東豐街六十號	（〇二）二七〇四五一五二
天罎（p.186）	台北市大安區麗水街五號（本店）	（〇二）二三九四三三三五
上海小館（p.142、145）	台北縣永和市文化路九十巷十四號	（〇二）二九二九四一〇一
三分俗氣（p.177、182）	台北縣永和市國光路四十九巷八號	（〇二）二二三二一一〇三
阿土羊肉（p.142）	台北縣新店市建國路一九四號	〇九一〇三二七三四一

◇島內之味／中

將軍牛肉大王（p.89）	台中市北區學士路一五八號	（〇四）二二三〇五九一八
汕頭牛肉劉沙茶爐（p.139）	台中市中區中正路四十三巷五號	（〇四）二二二二八八〇九
老闆廚房（p.186）	台中市大墩二十街六十五號	（〇四）二三二八六五七一
廣東汕頭牛肉店（p.139）	台中縣豐原市圓環西路二二二號	（〇四）二五二三一三二四

◇島內之味／南

外國安虱目魚專賣（p.76）	台南縣七股鄉龍山村西二三二號	（〇六）七八七二〇三九
孫家小館（p.66）	高雄市左營區博愛二路七七七號（漢神巨蛋購物廣場五樓）	（〇七）五五三四一一〇
牛老大涮牛肉（p.139）	高雄市前金區自強二路十八號（總店）	（〇七）二八一九一九六
川園牛肉爐（p.139）	屏東縣屏東市迪化二街八十六號	（〇八）七六五六二一九

◇島内之味／外島

聯泰餐館（p.190）	金門縣金寧鄉湖南村十四號	（〇八二）三二九二七九
阿芬海產店（p.190）	金門縣金湖鎮復國墩二十五號	（〇八二）三三二一一三九

◇海外之味

樂園牛丸皇（p.12）	香港旺角花園街十一號地下	（八五二）二三八四〇四九六
生記粥品專家（p.82）	香港島上環畢街七—九號	（八五二）二五四一一〇九九
北京酒樓（p.101）	九龍彌敦道二二七號一樓	（八五二）二七三〇一三一五
便宜坊烤鴨店（p.123）	北京市崇文區崇文門外大街甲二號	（〇一〇）六七一一二二四四

※感謝「上海極品軒餐廳」（p.8下、86、173、231）及「三分俗氣」（p.180）提供拍攝協助。

INK PUBLISHING 文學叢書 243

味外之味

作　　者　朱振藩
總 編 輯　初安民
特約編輯　王文娟
內頁攝影　陳怡瑋
美術編輯　黃昶憲
校　　對　王文娟　朱振藩

發 行 人　張書銘
出　　版　INK印刻文學生活雜誌出版有限公司
台北縣中和市中正路800號13樓之3
電話：02-22281626
傳真：02-22281598
e-mail:ink.book@msa.hinet.net
網　　址　舒讀網 http://www.sudu.cc

法律顧問　漢廷法律事務所
劉大正律師
總 代 理　成陽出版股份有限公司
電話：03-2717085（代表號）
傳真：03-3556521
郵政劃撥　19000691 成陽出版股份有限公司
印　　刷　海王印刷事業股份有限公司

出版日期　2009年12月　初版
ISBN　978-986-6377-24-2

定價　280元

國家圖書館出版品預行編目資料

味外之味／朱振藩著：
--初版，--臺北縣中和市：INK印刻文學，
2009.12　面；　公分（文學叢書：243）
ISBN 978-986-6377-24-2（平裝）
1. 飲食　2.文集
427.07　98018644